智元微库
OPEN MIND

成 长 也 是 一 种 美 好

职场
胜任力

职场的关键3年
这样做

杨明 著

人民邮电出版社
北京

图书在版编目（CIP）数据

职场胜任力：职场的关键3年这样做 / 杨明著. --
北京：人民邮电出版社，2023.11
ISBN 978-7-115-62588-5

Ⅰ．①职… Ⅱ．①杨… Ⅲ．①成功心理－通俗读物
Ⅳ．①B848.4-49

中国国家版本馆CIP数据核字(2023)第164093号

◆ 著 杨 明
责任编辑 林飞翔
责任印制 周昇亮

◆ 人民邮电出版社出版发行　　北京市丰台区成寿寺路11号
邮编 100164　电子邮件 315@ptpress.com.cn
网址 https://www.ptpress.com.cn
天津千鹤文化传播有限公司印刷

◆ 开本：880×1230　1/32
印张：7.75　　　　　　　　2023 年 11 月第 1 版
字数：200 千字　　　　　　2023 年 11 月天津第 1 次印刷

定　价：59.80 元
读者服务热线：（010）81055522　印装质量热线：（010）81055316
反盗版热线：（010）81055315
广告经营许可证：京东市监广登字 20170147 号

如今，许多大学生在校期间就已经知道找到一份可心的工作有多么艰难，而当他们成为职场新人后，他们会发现把一份工作做好比找到它更难。

不过大多数人并不知道也不会相信，人力资源部门想找到一个适合岗位的职场新人也非常艰难，即便是那些看起来有许多人打破头想要争抢的工作也是如此。

现在求职者和应聘者之间的供需信息基本上是对称的，双方都知道市场上既存在着大量求职的人员，也存在着大量待招的岗位，但这种信息对称并不意味着双方很快就能找到合适的彼此。

这就好像一个人去逛菜市场，虽然里面有许多卖菜摊位，但他可能也买不到合自己心意的某种菜。同样，虽然有许多人会来菜市场买菜，但也会有某个摊位的菜一整天都没卖出去。原因就是购买者的需求有其独特性，而摊位的菜也有其特定的客户定位；如果需求的独特性与特定的客户定位是错位的，就会导致有人买不到合适的菜，有的摊位卖不出去菜。

人力资源人员就是买菜的人，天天绞尽脑汁想找到符合本机构独特需求的员工；求职者就是卖菜的人，天天积极努力地想让特定的心仪工作选择自己。在将近 30 年的人力资源管理经历中，我发现职场新人，尤其是应届毕业生，无论在求职意识上还是准备上都是最差的，并且常常因为缺乏职场经验在入职后很快出局。

为什么会这样？让我这个"买菜"的老人力告诉"卖菜"的职场新人和即将求职的同学们原因：因为各位并不知道机构真正看重什么，只是根据自己非常有限的、道听途说的职场知识，结合稚嫩的学生思维，想象着如何满足机构需求、适应工作环境和与同事相处。最终的结果是，要么在应聘时耗费精力地做着南辕北辙的准备，无法高效求职；要么在入职后费尽心机地犯着让人啼笑皆非的错误，无法通过试用期。

美国著名的管理学大师史蒂芬·柯维在其销量破亿的名著《高效能人士的七个习惯》里描述第 2 个习惯"以终为始"时讲，"以终为始"的一个原则基础是"任何事都是两次创造而成的"。"我们做任何事都是先在头脑中构思，即智力上的或第一次的创造（Mental/First Creation），然后付诸实践，即体力上的或第二次的创造（Physical/Second Creation）。"①

作为第一次的创造的构思，并不是随意发挥的奇思妙想，而是应该如同江河之水流入大海一般，沿着一个正确的方向前行。虽然江河之水也会因前面的崇山峻岭而绕行，甚至会绕行数百公里，但这不会影响它最终流入大海。

职场的入海口就在这本书里。

接触职场的前 3 年非常重要，这 3 年可能是从入职第一份工作的那一刻开始，也可能是从大学期间的实习开始。当然越早开始越好，如果能从大学实习开始，就比入职才开始更有优势，毕竟 3

---

① 柯维.高效能人士的七个习惯（30 周年纪念版）（全新增订版）[M].高新勇，王亦兵，葛雪蕾，译.北京：中国青年出版社，2020.

年的时间不短，而当今员工和企业管理者的耐心都越来越有限。

中国有句老话"三岁看小，七岁看老"，讲的是婴幼儿 3 年影响了人性格内核的形成，而接触职场的前 3 年正是塑造职场理念的最关键时期，这 3 年怎么度过往往决定着后面 30 年甚至更长的职业生涯怎么度过。

从我自己的职业生涯来看，我前 3 年担任过一线操作工人、技术管理人员，后来转行到人力资源，完成了职业生涯体验、学习、探索、思考、定位及转型的全过程。这一过程最终决定了我在人力资源领域里工作近 30 年，可以说前 3 年决定了我后面完整的职业生涯，所以我希望能把自己的经验与教训贡献出来，帮助准备求职的在校大学生、即将入职的应届毕业生和已经入职的职场新人在批判的过程中思考。

对求职者来说重要的是，在进入面试间和进入团队之前，都需要知道如何才能获得职场人士对自己的认同。不要以为符合招聘要求就可以被录用或者成为一名合格的员工。如果一家公司把所有符合招聘要求的人都录用了，那这家公司恐怕连让员工站着的地方都没有；如果它让所有录用人员都转正，那可能这一年它都不用再招人，还必须扩大业务，好让这些录用人员都有事做。

招聘要求只是最简单和最初级的筛选，就好像买菜人的清单上写着茄子，而你恰巧卖茄子而已。录用则好像在市场上把茄子买回家，按照自己想吃的方式做完后，尝了一口，好吃的话就继续吃下去，不好吃的话就直接倒掉。

买菜人停在了摊位前并不等于会买，而通过简历初选给予面试机会也只相当于买菜人停在了摊位前，许多情况下买菜人只是停下来扫一眼，有时连腰都没弯就走了。等到真正站住了，他们还要把茄子拿在手上来回端详，检查形状、个头、表皮、气味，最终问一下价格。其实茄子不一定真正有机会被放入菜篮。

许多卖菜人以为只要自己茄子的质量好，就一定不愁卖。问题是茄子不被做成菜、端上桌、放入口，买菜人也真的不好确认这个茄子是不是自己最想要的，但又不可能做完、吃完再付钱，这就是买菜人的苦恼。

为了把菜卖出去，作为卖菜人最应该做的是学会做菜，知道买菜人最需要什么样的菜。拿卖茄子来举例：对于想做家常烧茄子和炸茄盒的人，就卖给他味道浓郁、水分充足的圆茄子；对于想做油焖茄子和烧烤茄子的人，就卖给他表皮厚实、耐长久烹饪的矮茄子；对于想做炒茄子、蒸茄子和凉拌茄子的人，就卖给他茄肉松软、容易入味、顺滑软绵的长茄子。

机构到底需要什么样的人呢？这个问题就和"买菜人到底想做什么菜"一样，都需要主动了解。本书第一部分的第一章告诉了职场新人如何知道机构需要什么样的人，要么从《职务说明书》入手，要么从内部人那里了解，要么在直接上级身上想办法。当然，最好的方法是把这些都用上，这样才能对机构需要什么样的人有一个清晰的印象。只有知道机构的需求，才可能找到瞄准的靶子。为了让读者学会操作，本书从第一章开始，在每一章都特别准备了学习和操作的工具。

第二章则告诉了职场新人怎么确定靶心，那就是个体目标一定要服从团队目标。在一个脏乱差的社区里把自己门前打扫得再干净，也无法让整个环境变好多少；一支失败的部队里很难走出成功的将军。射击场上的奖惩规则符合马太效应，表现最优秀的人"全盘通吃"。在这种情况下我们将如何调整射击时的心态，如何设定下限和上限，如何在下限与上限之间自如腾挪就非常重要。

第三章主要告诉大家如何尽快在团队中找到同盟。同事不是同学，也不是室友，更不是家人。同事有时是队友，有时是竞争对手，还有可能是未来的上级或者下属。他们并不会因为毕业或者换寝室而与你分别，也不会在所有事情上都无条件地支持你。但你必须在大部分时间里获取他们的支持，否则就不可能完成分内工作，所以要让他们愿意支持你，既出于对工作的责任感，也有个人情感倾向。

第二部分主要讲职场新人如何改变自己的思维方式。很多职场新人既有诸如担心工作做不好、做不成、被人抢的焦虑，也有贪图安逸、强调客观、迷信大厂、迷恋权力等心态，更有在工作上各种认为不可能和做不到的畏难情绪。这些都源于负面思维对职场新人的影响与控制，而负面思维的产生源于对未知的恐惧。第四章重点分析了负面思维的类型，以及如何破掉这些负面思维。

不破不立，第五章重点讲如何树立正面思维。要知道工作并不只是为员工提供了工资，还提供了许多成长的机会。明白自己之前积累的知识、技能、经验其实远远不够应对职场，知道认知的提升源于用原来的认知做事吃了亏，学会通过犯错误增长见识与才干。这些正面思维都要从工作中得到，它们可以使职场新人在工作中提升个人价值。

第六章讲述的是职场新人，尤其是应届毕业生，在进入职场之后要从学生思维脱离出来，通过 7 个方面的改变，最终学会使用职场思维来面对职业。在大海中使用内陆江河的渔船行进是走不远的，职场新人要学习新的规则并加以利用。讲得好，不如干得妙，而干得妙也需要懂得使用策略这个杠杆。职场新人不能缺少这堂更新思维方式的课程，如果能在大学期间就加以学习，那么无论实习还是求职都将非常顺利，因为当职场新人，尤其是应届毕业生通过思维方式更新达到《孙子兵法》中"先胜后战"的境界时，机会将自然到来，而不是求而不得。

第三部分重点讲了职场新人，尤其是应届毕业生在机构眼中最有价值的部分：态度！

除了进入衰退期的机构，绝大多数机构都喜欢具有主动精神——主动学习、主动思考、主动承担责任的新人。当然在这个时代，主动精神并非人人具备，需要通过学习和训练获得，所以作者在第七章特别提供了训练方式，让职场新人可以循序渐进地完成主动性的提升，并对提升主动性的根本（认清自己、相信自己、开发自己）的重要性，以及如何做到进行了深入讲解。与此同时，第七章结合职场案例，讲述了如何充分利用主动性，明确、快速地发展自己的目标。

除了主动精神，还需具备专注这种稀缺能力，第八章专门讲述了职场新人应该如何认识和重视、培养和掌握这种能力。正因为人们眼中的世界越来越大，心中的欲望越来越多，手中的资源越来越丰富，才让太多的可能性分散了职场新人的注意力，最终降低了他们获得成就的可能性。小即大，少即多，一点突破往往会带来整体成功。

学习是任何职场人都不能停下来的事情。不要说没有时间，其实是不想学习；只要规划，时间总会有的。学习不能是死学，也不能只是苦学，必须有好的方法，才能做到事半功倍。不要迷恋读完短小文章带来的成就感，真正的学习要有系统、有节奏、有深度、有思考、有输出，这样才能有结果。以上内容都在第九章中娓娓道来，并用小案例、小工具进行了解读。

第四部分"先管好自己"是本书的核心内容。

自我管理的第一步就是情绪管理。管理情绪并不容易，毕竟不是人人都足够理性，也不是人人都能长期处于理性状态。当负面情绪处于主导地位时，职场新人就要及时认识到当前处境，并对负面情绪加以约束、疏导和平复。第十章中强调了情绪失控的根源在于自身还不够强大，认识到这点，并针对这点加以改进，可以解决大部分负面情绪问题。当然教会大家如何做到情绪管理才是最重要的，第十章给出了许多规律与技巧。

第十一章讲了"勤"字的作用和标准，以及怎样做才算达到了"勤"的标准。别把勤视为一种低效的付出，人力资源考核四大方面"德能勤绩"，它位居业绩成果之前并非浪得虚名。勤代表着绩的获得过程，除了天才，芸芸众生都是靠着勤字才获得了出众的才能和成果。千万不要看低"勤"的作用，至少职场新人的直接上级非常重视。而且第十一章中对"勤"的描述也会消除人们对它的误解，如果真能达到书中的标准，那么就真正实现了高效成长。

第十二章讲了工作中的胆大与稳健这两项似乎矛盾的特质如何实现平衡。实现平衡确实很难，但不难就不足以知、不足以学、不足以有。职场新人要知道何时不要急，何时不要怕，何时既不急又不怕。急多了，怕多了，人就容易小事急而不得，大事怕而不为。职场新人读完此章，将事情想通透，便既能树立理想的自我人设，又能做到遇事当机立断。

全书四部分、十二章的写作目的是让读者从认识到学会，所以本书严格来讲是一本操作手册，逐章阅读并进行自我训练，就可以将认知转化为自身具备的技能。面试官遇到学会书中内容的读者，会有一种"蓦然回首，那人却在灯火阑珊处"的感觉；部门负责人遇到学会书中内容的读者，会有一份"他乡遇故知"的惊喜；职场新人学会书中内容，会让自己找到愉快开始职业生涯的方法。

作家李敖写过一首著名的情诗《只爱一点点》，其中的激情、浪漫与平常人的不同，他讲"不爱那么多，只爱一点点"，这正是本书强调的"小即大，少即多"。所以本书也是用一些小小的工具、技巧、表格、问题、训练来帮助读者建立一些小小的习惯，掌握一些小小的技能，获得一些小小的进步，最终将"积跬步以至千里，积小流以成江海"。

特别希望准备求职的在校大学生、即将入职的应届毕业生和已经入职的职场新人能尽早接触到本书，也希望它能帮大家度过职场最关键的前 3 年，更希望大家能看到书中一直强调的底层逻辑：不断进取成长和坚持乐观精神。

天行健，君子以自强不息。

目 录 contents

| 第二部分 | 改变自己的思维方式 |

| 第三部分 | 态度比黄金更珍贵 |

| 第四部分 | 先管好自己 |

第 一 部 分

获得职场认同的
第一步

人天生厌恶损失，有研究表明，一定量的损失带来的负面效应为等量收益的正面效应的 2.5 倍。所以被视为同一类的人中，哪怕仅出现 10% 的不佳表现，也会抵消 25% 的优秀表现。职业新人就是一个深受此类现象影响的群体。

几乎每个职场新人都被职场资深人士当面或者背后说过不负责任或者责任心差。很多指责没有根据，但有些指责确实由于个别现象切中了少数职场新人的状况，最终的结果是在许多人心中，职场新人存在以下诸多问题：

比如不注意程序和流程，做起事来想当然、以自我为中心，与各方沟通不畅；

比如精力不集中，3 分钟热血，一旦没有新鲜感，立刻无精打采；

比如工作热情不高，对待同事态度冷漠，推进业务缺乏积极性；

比如工作规划性不强，随意性大；

比如工作质量差，犯大量低级错误却拒绝被批评，等等。

其实大多数职场新人都是有责任感的，毕竟谁不想把自己的工作做好，进而升职加薪呢？但从有责任感到真正能负起责任还有很长距离，而少数职场新人不负责任的表现无疑又会给他人留下深刻的印象，从而使他人形成了刻板印象。这种印象还会变得根深蒂固、被人口口相传。

曾经让 70 后头疼的那些 80 后，早就开始嫌弃 90 后，并且在 00 后刚进入职场时，就给他们扣上了一顶"**整顿职场**"的帽子。难道职场是谁都整顿得了的？所谓"整顿职场"的背后往往隐藏着对职场新人"轻狂、张扬、离经叛道"之类的评价。他人的刻板印象越深，改变就越难；但如果这种刻板印象能够被改变，职场新人的收益也是最大的。本书第一部分就专门讨论职场新人如何改变他人的刻板印象，从而迈出获得职场认同的第一步。

要改变他人的刻板印象，靠争辩是没有意义的，真正能够改变他人对职场新人看法的方法是给出结果。唯有事实是最可靠的证据，任何语言或者逻辑都不会比把事情做出来或者做好更有力。只要职场新人把自己应该做的事情做好，就没有人会质疑他们的责任心与工作能力。

小贴士

许多职场新人经过面试被录取后产生了一种错觉，认为自己之所以能进入某机构，就是因为该机构欣赏自己的才华。但事实是机构只是觉得这个职场新人可能适合要招聘的岗位，有潜力把这个岗位的责任承担下来。

这样就出现了一个错位：职场新人急于展示才华，而机构重点关注事情有没有做好。结果是职场新人把主要精力放在展示才华上，机构把重点放在考核责任适配度上，就好像一个人选择了一匹马，要让它沿着跑道最快冲到终点，而这匹马却展示起了花步和跳跃，因为它擅长这个。

第一章

真正了解工作职责

找到《职务说明书》

发现《职务说明书》

如果一个人并不真正了解自己要做的事情是什么，不知道要与什么人打交道，更未经历过实际工作场景，也不清楚在哪里获得指令和资源，那么让他把事情做成是不可能的。

职场新人并不是不想负责，而是对自己所从事的工作需承担的责任了解不多。许多职场新人在进入工作状态前觉得自己对岗位职责已经了解得很多了，认为在招聘信息中掌握了所有与这个岗位有关的细节，但实际上这还远远不够。**毕竟仅仅靠对招聘信息中那些单薄文字的解读，距离了解这份工作及了解为了完成这份工作需要承担的责任还差得很远。**

以网上发布的人力资源部门招聘主管这个岗位的招聘信息为例，其主要内容如下。

一、岗位职责：

1.制订年度与月度人才选聘计划，规划招聘布局及招聘策略；

2. 统筹招聘项目规划及落地执行，完善人才供应体系建设，优化相关策略、流程、制度、工具和方法；

3. 负责招聘全流程的管理，建立并维护公司外部人才库，精准定位高端关键性人才，提升招聘质量和效率；

4. 开展雇主品牌建设，制定各类专项招聘方案及计划，并牵头组织实施；

5. 持续优化并整合招聘渠道，根据职位差异选择有效招聘渠道，定期评估招聘渠道的有效性；

6. 负责招聘效果分析与评估数据体系建立，通过招聘效果分析报告完成问题识别与优化改善。

二、任职要求：

1. 本科及以上学历，人力资源管理、工商管理、汉语言文学等相关专业毕业；

2. 具备 5 年及以上招聘工作经验，拥有本行业招聘负责人经验者优先；

3. 能够根据业务前瞻性地布局招聘战略，及时洞察外部人才市场变化趋势，并能结合业务发展提出有价值的建议；

4. 具备出色的沟通表达及谈判能力，逻辑思维清晰，拥有体系化思维，能整合多方优势资源达成目标；

5. 具备良好的数据分析和报告撰写能力。

　　这个招聘信息看起来已经足够详细了，但想要真正、全面了解自己的岗位职责，需要在办理入职手续后去申请一份名为《职务说明书》的文件。顾名思义，这是一份说明各种工作职责细节的文件，不同机构对这份文件可能有不同的叫法和样本，但只要有这份文件（不得不说也有一些机构没有这种文件），就可以让职场新人知道岗位所对应的职责和许多细节，其中通常包括以下内容。

- 上司是谁。
- 需要与哪些人员建立什么样的关系。
- 怎样才算完成任务。
- 为了完成任务需要哪些资源。
- 需要遵守什么规则。
- 考核、奖励和惩罚规则是什么样的。
- 如何获得升职。
……

了解《职务说明书》

下面是人力资源部门招聘主管的《职务说明书》简易示例。

职务说明书

基本资料

职位名称	招聘主管	所属部门	人力资源部
直接上级	人力资源总监	直接下级	招聘助理
编制人	人力资源部	批准日期	×× 年 ×× 月 ×× 日
审批人签名	张三	任职者签名	李四

职位概述

在人力资源总监的领导下，完成招聘计划的制订及组织实施、招聘渠道的拓展和维护，负责各部门招聘管理的支持等工作，为机构引进和选拔各种优秀人才

工作内容

编号	工作内容	工作依据	权责	文件、表单处理	
				名称	呈报单位
1	招聘流程制度的制定：协助人力资源总监编制招聘方面的相关制度、流程、方案和表单	招聘管理制度	协办	各类招聘文件	人力资源总监
2	招聘计划：统计、分析、确认、编制人才需求计划	招聘管理制度、年度人力资源规划	主办	各类招聘方案、招聘需求表、机构组织变化及人事任免文件、《职务说明书》	人力资源总监
3	招聘工作实施：组织实施招聘各环节工作，进行招聘工作总结	招聘管理制度	主办	招聘需求表、面试邀请函、登记表、面试评价表、录用通知书等	人力资源总监
4	招聘渠道：维护现有招聘渠道，不断开发新渠道，搭建有效招聘渠道体系	招聘管理制度	主办	招聘需求表、合作合同	人力资源总监
5	招聘管理和培训：各部门招聘工作的支持、管理和招聘人员的培训	招聘管理制度	主办	培训课件、招聘进度表、部门招聘解决方案	人力资源总监
6	工作分析和试用期：协助新进员工适应工作环境和岗位要求，联合部门进行试用期考核	试用期管理规定	主办	《职务说明书》	人力资源总监
7	领导交办的其他任务	根据相应情况及规章制度	协办	工作中形成的文件	人力资源总监

责权范围

责任范围

汇报责任	直接上报	1人
	汇报内容	工作进展与所需协助等

（续表）

成本责任	电话费用	根据活动需求给予一定额度
	计算机安全	不得因操作不当丢失工作数据、资料等重要文件
	办公用品及设备	计算机一台、固定电话一台、工作手机一部、打印机（公用）、传真件（公用）、扫描仪（公用）
保密责任		对工作范围内的未公开数据有保密责任
组织责任		组织面试活动的责任
参会责任		（1）参加人力资源部部门日常会议责任 （2）参加其他临时会议责任

权利范围

权利项目	主要内容
审核权	无
解释权	对招聘模块管理制度及各种文件的解释权
调档权	通过正常渠道在职责范围内调用档案，可调用平级人员档案，高级人员档案调用须人力资源总监批准
财务权	无
考核权	制定招聘助理考核方案，并在人力资源总监批准后实施
联络权	与面试候选人、招聘渠道、用人部门相关业务的联络权

工作关系及条件

	直接下级人数		1	间接下级人数	0
工作关系	内部主要关系	所受监督	人力资源总监		
		所施监督	招聘助理		
		合作关系	各用人部门相关人员		
	企业外部主要关系		招聘渠道、面试候选人及各分支机构招聘负责人		
	国外机构主要关系		暂无		
工作场所			******		
工作时间	工作制		定时工作制		
	主要工作时间		周一至周五 9:00—18:00，午休 1 小时		

任职资格

胜任项	胜任子项	具体要求
学历	学习形式	全日制
	学历层次	本科及以上
	专业	人力资源管理、行政管理、企业管理、心理学等相关专业
知识	业务知识	熟悉人力资源管理知识和企业招聘运作流程
	基础知识	熟悉公文写作的基本方法和熟练应用 Office 办公软件
经验	工作经验	5 年以上招聘工作经验
能力	通用能力	具备较强的表达能力和问题发现与解决能力
	管理能力	具有一定的督导能力和目标管理能力
技能	上岗技能	招聘信息发布
	业务技能	具备较强的识人用人能力
素养	职业素养	具有较强的责任心和敬业精神

考核与奖惩

考核方法	计划考核	按照部门及个人年度计划实际完成情况进行评估
	管理考核	完成部门及本职工作管理水平提升要求
奖励方法	年度奖金奖励	按照计划的完成情况，发放年终奖
	晋级加薪奖励	超额完成工作进行一定程度加薪，参见《薪酬管理制度》及当年《薪酬福利实施方案》
惩罚方法	降级减薪惩罚	出现工作漏洞会受到一定程度惩罚，参见《人力资源管理人员工作手册》及《员工奖惩办法》

　　从上面的示例我们可以看出，招聘信息与《职务说明书》两者之间的信息差是很大的。仅仅看到前者就觉得已经知道岗位的全部信息，那就大错特错了。

找到职场内部人

除了阅读《职务说明书》，职场新人还可以去找行业里面的资深人士咨询；足够幸运的话，能在本公司内部找到行业中的资深人士，那就更好了。这样就可以了解到该职务的更多细节，毕竟即便是同一个行业，不同机构的同样职务，其责任也会有许多差别。排名第一的企业与排名第二的企业的用人策略也会不同，大企业与小企业的管理要求更是不一样，领导者的风格不同也会导致责任的定义与标准存在差异。

另外，任何工作除了《职务说明书》中标明的显性规则，还有一些约定俗成的隐性规则；而这些隐性规则也意味着一些看不见、说不出但感觉得到的责任。

还有，直接上级和团队希望职场新人处于什么样的状态，是要打破陈规，还是循规蹈矩？他们希望职场新人以什么样的方式与同事相处，是希望多收获一些职场新人给予的新思路，还是希望他们少些表态，以学习为主？他们希望职场新人以什么样的标准来评估人际环境，是长期学习、改变自己、适应环境，还是积极表现以便上级和团队迅速判断其去留？这些内容在《职务说明书》中没有出现，只有通过与资深人士的深入沟通，职场新人才可能全面清晰地了解。

这时，职场新人往往需要对资深人士做一次深入的职业访谈。假设我们已经预约到了一位资深人士，在去拜访他之前一定要做好准备，不要随性发问。随性发问既会浪费双方的时间，也会给被访谈者留下自己不被重视的印象。要有问题设计，也要有自己对这些问题的思考，另外要准备好录音设备，或者至少准备一个笔记本和一支笔。下面是关于问题的建议，这些问题都是访谈者可以根据对方提供的答案中不明白、不了解、不清楚的部分向下展开询问的。

1. 您当年是如何进入这个行业，选择这份工作的？

延展问题：详细问在被访谈者眼里，当年这个行业和工作的价值是什么，进入的机遇和途径是什么，当年工作获得的方式和难易程度……

2. 您的日常工作是什么样的？

延展问题：日常工作中哪些最占用时间，与之对应的效果如何，与谁的沟通最多……

3. 您认为这份工作最重要的部分是什么？

延展问题：最重要的部分会对工作的结果产生什么影响？会对职业发展产生什么影响？怎样才能识别出最重要的部分并把它做好……

4. 您觉得这份工作最需要的 3 种能力是什么？

延展问题：为何是这 3 种能力？如何测评自己这 3 种能力的水平？这 3 种能力都是在什么场景下发挥作用的……

5. 您觉得从事这份工作最大的收获是什么？

延展问题：如何识别工作中的价值和意义？如何在工作中取得收获？如何把收获转化成显性价值……

6. 您觉得这份工作的优点和缺点分别是什么？

延展问题：如果是 10 分制的话，您会给自己的工作打几分？为什么是这个分数？如何对待工作中自己的优点和缺点……

7. 您对我有什么问题或者建议？

延展问题：通过我的自我介绍与刚刚的沟通，您是如何评价我的？您觉得我在沟通中存在哪些需要改进的地方？您觉得我有哪些表现可以继续保持……

提问的时候一定要注意态度，不要把自己当成面试官，我就遇到过向人请教却咄咄逼人的提问者。职场新人是一个需要指引的学生和需要帮助的探索者，可以提出各种问题，但一定要注意态度。此外，如果访谈过程非常愉快的话，还可以问一句："您还有其他在这个行业或者从事这个工作的朋友吗，可以把我向他们推荐一下吗？"绝大多数时候你会收获意外惊喜。

访谈结束后要向对方真诚地表达感谢，并保持与对方的联系，不要访谈完就把对方从联系人名单中移除或者从此不再联系。要定期礼节性地进行问候，这样在需要对方给予某些具体的职场建议时，才能得到对方的帮助；对方有任何机会与资源时也才会想到你。

| 直接上级最关键 |

观察上级，找到"二八"

直接上级是距离职场新人最近的学习模板，也是对职场新人最有影响力的人。他们可能是职场新人的引航者，也可能是他们最大的噩梦。员工离职原因排行榜中，直接上级居前三。

员工的进入、培养、指导、考核、发展、升迁，甚至是否能通过试用期，都与直接上级紧密相关。**因此，在工作中想要做得好，最简单有效的学习方法就是模仿直接上级；但不能只是简单地模仿，而是要在模仿过程中认真观察并思考直接上级的工作标准和要求是什么。**

我的第一份工作是在一家著名央企的生产单位。实习转正后，我被任命为助理工程师，负责一套风险系数很高的生产装置。记得有一次，我在办公楼一楼的中央控制室内观察一台设备的仪表显示时，发现它的技术参数突然发生异变。根据我掌握的知识，如果不在两分钟内关掉这台设备，超高的技术参数非常可能引发爆炸。

我惊得立刻换鞋，夺门而出，跑去关设备，余光却扫见同样感觉情况不妙的主任已经一个箭步从窗户蹿了出去。等我跑到设备附近时，他已经关完设备回来，严肃地告诉我，像这种紧急情况，一定要选择最快停下设备的方式，从门口跑出来处理很可能根本来不及。

从我的经历可以看出，虽然《职务说明书》告诉职场新人应该做什么，但各项职责和工作中都存在二八原则①，也就是在不同场景下哪些职责和工作是重要的，哪些职责和工作没那么重要，这些信息对于职场新人的精力分配非常重要。

对每项职责、每件事都能随时随地做到面面俱到、达到令人满意的程度，这种资深员工都做不到的事情，职场新人就更不要想了。如果真有哪个职场新人把绩效考核全 A 作为目标，那最可能出现的结果是什么事情都没有做好。

职场新人如果问上级哪件事更重要，一般不会得到明确的答复，大多数时候得到的答复是"都重要"。**但是认真观察上级将时间投入哪里、精力投入哪里、资源投入哪里，就可以看出什么才是这个部门或者至少是上级重视的事情，因为以上的投入是不会说谎的。**

例如，虽然我一入职就被单位安排参加了安全教育，并通过了安全知识考试，担任助理工程师之后也经常给员工做安全培训；但真正遇到安全隐患时，我并没有像主任一样选择破窗而出，而是跑到门口，甚至还有时间把在中央控制室内穿的拖鞋更换成了工作鞋。主任的行为则告诉了我什么才是真正排在第一位的最受重视的事情。观察上级关注什么，往往会让职场新人知道什么工作是重要的。

---

① 二八原则又称帕累托法则，指事物的主要结果取决于一小部分关键因素。

学习标准，创造标准

从这件事，我得到的第二个收获是，知道了事情做到什么程度才算优秀，什么程度算达标，什么程度会被批评。

虽然许多企业都给工作制定了标准，但是除了业务目标有着具体的数字标准，大多数文字描述的标准其实并不是很明确。对标准的解读，不同的机构、团队也有比较大的差别，在很大程度上取决于团队共同认同或者上级认同。

上级用行动告诉我，在真正紧急的状态下，什么样的行为才算优秀：仅仅发现问题不行，仅仅有意愿解决问题不行，仅仅有解决方案不行，以最快速度、效果明显、不留隐患的方式解决问题，才算优秀。**在真正重要的问题面前，其他的都不重要，才能说明这个问题是真的重要。**

了解上级的工作标准后，职场新人还要注意一个问题，就是不要仅仅以上级的标准作为唯一标准。

首先，影响上级工作标准的因素很多，既包括行业特色、机构文化、团队发展阶段，也与上级的个人经历、特质和管理目的有很大关联。

比如年轻上级表达情绪一般比较直接，年长上级则大多比较委婉。

比如有的人待人严格，细节上有一点问题就会要求返工修改很多遍；有的人待人宽忍，不太注意细节，但非常坚持原则。

如果职场新人只习惯于某一个直接上级的工作标准，一旦换了直接上级、换了岗位、换了公司，甚至换了环境、体制和地域，就很容易产生很强的不适应感；而现代社会，这种人员流动又是再平常不过的事情。

我就听到有员工说"我原来那家机构不是这样做事的"或者"我原来的上级和团队是那样操作的"。每当听到这种话，我就会哑然失笑。如果只能适应原来上级的管理标准，为什么不带他一起跳槽？**不要把自己的工作标准仅限定于上级的标准，这样可以拓宽自己的职业宽度。**

其次，如果总是按照上级的标准来要求自己，那么如何才能给上级惊喜？在达到上级标准的基础上，进一步突破标准，才能不断刷新自己给上级留下的印象。如果没有这些新印象支撑，职场新人如何让上级有理由给自己转正、提职、加薪呢？

当然，现实中也有许多职场人士明明没有进步，却仍然认为自己可以靠着年头持续加薪，"给我多少钱，我就干多少活"是这些人的口头禅，就好像给更多的钱，他们就能干更多的活或者能以更高标准工作，但事实上并非如此。**只有用更高标准来要求自己，才能挖掘自己的职业深度。**

最后，直接上级的工作标准就是机构的工作标准吗？不一定。部门之间存在差别，有优秀部门，也有平庸部门，还有绩效不好的部门。一个部门的整体表现往往与部门负责人的工作标准有关。

作为职场新人，不能在优秀的部门就是优秀的，在平庸的部门就表现平庸，在绩效不好的部门就绩效差。职场新人应该无论环境如何，始终保持自己的优秀。因此在工作中，逐步形成更高的标准，是职场新人今后努力的方向。

了解方式，适应风格

我得到的第三个收获是，直接上级对职场新人的管理方式和尺度也与管理其他资深员工不同。

上级的管理方式和尺度并不是对每个员工都一样，肯定会因人而异。这里面并不存在是否公平的问题，而是上级对不同的员工要求不一样，不同的员工适用于不同的管理方式与尺度。

比如上级对资深员工的要求与对职场新人的不一样，对有潜力的职场新人的要求与对不抱希望的职场新人的也不一样。我的主任是一个脾气火暴的人，如果是一个有着丰富经验的员工，在面对同样的事情时，居然先去换鞋，肯定会被他严厉批评，但他对我就网开一面。毕竟一方面他担心我这个职场新人承受不了他的严厉批评，另一方面他觉得我是一个可造之才，担心我今后为了不被批评而束手束脚。

当然，他表扬人时也会有差别，比如我有次干了一个漂亮活，他开心坏了，满脸通红、笑嘻嘻地说："行啊，小伙儿。"

如果这个活是一个长期在他身边的人做的，那么他的态度就会不一样。我就亲眼见过，他甚至会去拧那个人的脸蛋，即便那个人是一个 40 来岁、胡子拉碴的中年男人，他一边拧一边说："老伙计，出息了。"而那个人会很开心，因为两个人已经合作了 20 年，这种亲昵的举动能让他产生一种主任把他当作自己人的特殊亲密感。

职场新人既无须羡慕这种管理方式，也无须追求被这么管理，毕竟 20 年的积累并非一朝一夕就可以替代的。任何上级都知道，只有不断有新人进入才说明这个机构有希望，而为了让这个机构更有希望，他们必须建立起一种有层次的管理方式，既让长期对企业忠心耿耿的人有存在感，也让大量新人能感觉到自己被重视。

所以，作为职场新人，只要能在部门和工作中体现自己的价值，就不用刻意去追求与上级的关系，除非是在一个不那么认可个人价值的机构里，与直接上级的关系会影响到职场新人的发展甚至生存。

小结

对职场新人而言，了解责任与理解责任有很大区别，就好像从书本上了解知识与能运用这些知识是完全不同的两件事。真正的深刻理解需要亲身体验或者有足够强的同理心，只有如此，《职务说明书》中的那些文字才能转化成对责任的接受与担当。

要想亲身体验就必须主动去经历，遇到事情不退缩，遇到困难不逃避，这样我们才能知道，许多看起来不重要的细节可能给客户、机构、团队、同事和工作本身带来什么影响。

很多职场新人犯错时并没有意识到自己在犯错或者没想到错误有多严重，没有认识到许多严重后果是自己犯错造成的。因为认识不到，所以精力就不集中，就会出现失误乃至犯错误。认识不到就是只了解责任的字面含义，但并没有理解承担责任要付出什么代价。只有知道了代价，尤其是知道这个代价对自身的影响，才算真正理解了责任。

理解了责任的标志行为就是开始主动扩展工作知识面、提升业务技能水平，通过亲历和向他人请教积累经验，从而让自己承担责任的能力更强，让自己表现得更加出色，让团队更好地实现目标，让其他同事对自己产生信任。

总而言之，职场新人并不是一开始就能了解和理解自己的工作责任的，因此也很难在展现责任感上达到资深员工的标准。但机构为员工完成所承担的责任而付薪，员工则在责任的带动下实现成长，主客观的力量都要求职场新人迅速具备责任感并能真正承担起相应的责任。

｜ 小工具

1. 新人工作前两周信息搜集表

	资料	作用	咨询人员	咨询内容	结果
1	职务说明书	了解与职务有关的细节	直接上级、同类岗位或部门前辈、其他部门的工作对接人	内容解读、细节说明、资源情况、权限范围、操作方式、工作流程等	文件副本、主动复述并确认、沟通记录
2	员工手册	了解对员工的要求	手册编制部门（一般是人力资源部和行政部）、涉及部门人员、本部门人员	标准尺度、执行方式及流程、履行方法等	文件副本、沟通记录
3	重要工作操作手册	了解重要工作的操作方法	工作涉及人员	操作流程、考核人、考核方式及标准、涉及人员的责任与权力等	文件副本、主动复述并确认、沟通记录
4	机构文件	了解机构近期重点工作和最新信息	直接上级、与重点工作和最新信息有关同时也与自己工作有关联的人员	工作职责与重点工作和最新信息之间的关联度、文件内容对自己工作的影响	文件副本、上级及相关人员解读
5	年度和月度部门规划	了解部门年度和月度工作安排	直接上级、部门内其他相关人员	年度和月度部门目标、本职工作与部门整体工作的关系、为完成部门目标需要做哪些工作	文件副本、在部门及个人工作规划基础上设计学习发展计划
6	部门备忘录	了解部门近期工作安排	直接上级、备忘录撰写人	近期部门工作要求、本职工作需要配合的内容	文件副本、与本职工作相关的摘要
7	部门内部人员情况	了解部门内部同事的工作职责及资源情况	直接上级、部门同事、同事的服务对象	同事工作职责，对本人有哪些需求、能提供什么资源；对于上级或者上级的上级能施加什么影响	个人记录

填写好这个表格对新人融入团队有很大帮助。

2. 尝试给自己做一个《职务说明书》，比如以自己的家庭或者大学寝室为例，你会发现一些很有意思的事情。

职务说明书

基本资料

职位名称		所属部门	
直接上级		直接下级	
编制人		批准日期	
审批人签名		任职者签名	

职位概述

工作内容

编号	工作内容	工作依据	权责	文件、表单处理	
				名称	呈报单位
1					
2					
3					
4					
5					
6					
7					

责权范围

责任范围

汇报责任	直接上报	
	汇报内容	
成本责任	用品及设备	
保密责任		
组织责任		
参会责任		

权利范围

权利项目	主要内容
审核权	
解释权	
调档权	
财务权	
考核权	
联络权	

工作关系及条件

工作关系	直接下级人数		间接下级人数	
	内部主要关系	所受监督		
		所施监督		
		合作关系		
	亲属（室友）主要关系			
	外部主要关系			
工作场所				
工作时间	工作制			
	主要工作时间			

任职资格

胜任项	胜任子项	具体要求
学历	学习形式	
	学历层次	
	专业	
知识	业务知识	
	基础知识	
经验	工作经验	
能力	通用能力	
	管理能力	
技能	上岗技能	
	业务技能	
素养	职业素养	

考核与奖惩

考核方法	计划考核	
	管理考核	
奖励方法		
惩罚方法		

第二章
全力抓住工作重点

部门目标高于岗位目标

由于新人要同时学习业务、适应环境、进行工作实操等，其所承受的压力高于其他同事，在此情况下把精力投入最能体现个人价值的地方就特别重要。

在第一章所举的突发情况例子中，当出现突发情况时，从直接上级身上能看到什么是重要的，但并不只有在突发情况之下才能发现什么是重点工作或者工作重点。实际上，许多日常信息都可以让我们发现自己应该将精力主要投入哪个方面。

除了极特殊的部门，**大多数部门每年都会有自己的部门目标，新人一定要了解这个部门目标，并明白目标的含义和与自己岗位的关联度。**

有人可能会问，新人进入机构难道不是应该先了解机构的整体目标吗？如果是一家创业公司，员工一共没有几个，作为新人倒是有必要了解一下整体目标，这样至少知道公司是挣扎在生存的边缘还是处在快速发展的过程中。

如果新人进入的是一家中型以上规模的公司，我建议你不用了解整体目标，毕竟决定你能不能在试用期留下来的关键因素并不是你对机构整体的贡献，而是你对部门完成目标的贡献。

许多新人会在工作中听到上级讲一句话："分工不分家。"这句话的意思是部门一**旦有需要，不管是不是分内之事，全体人员一律需要上阵。部门工作没有做好，不只是某个人的责任，而是全部门人员的责任。**

在部门目标面前，新人有时候需要把《职务说明书》里面的一些边界性约束先放放，只有这样才能更好地体现自己的价值。看到这里大家可能会非常迷惑，工作不就是要把各自的职责履行好，就像《海贼王》里索隆所说："我做好自己的那部分了，接下来轮到你了。"怎么在部门目标面前，《职务说明书》中的内容就要靠边站了呢？

机构、部门中工作职责清晰是应该和必须的事情，如果不清晰区分，就无法明确各个岗位的工作内容、责任和权力，最后可能让辛苦工作的人的积极性被严重挫伤：既然你都这么辛苦了，再多干点也无妨吧！而万一团队中有南郭先生这类人，在这种环境下他就会一直混下去，反正最后可以把自己的工作推给别人，根本不用费心费力。

所以分清工作职责、确定目标、独立负责、奖优罚劣是职业化的标准。谁做不好事情，谁就应该为之负责；同样，谁把事情做好了，谁就应该得到各种奖励，绝不可以和稀泥。但是，把分工弄清楚之后完全按照分工进行操作，只是机构、部门、员工的合格标准，或者说只是工业化时代的合格管理标准。

互联网时代，一切皆有可能。情况不停变化，任务不断被调整，专业分得越来越细，整合、融合、平台化成为趋势。把工作划成小格子，大家都在格子里面，只做好自己负责的那些事情就万事大吉的想法已经无法满足社会、机构和自身职业发展的需求。

"胜则举杯相庆，败则拼死相救！"指的肯定不是部门有事时站得远远的，生怕牵连自己的态度。

因此天天对照《职务说明书》，多干一点事就心生抱怨，与其他部门、同事合作时加一会儿班就摆脸色，或者觉得完成了自己那份工作就心安理得走人的员工，执行的是本位主义的"职业精神"。

如今，能够满足社会、机构和自身职业发展需求的职业精神，最起码包含"以完成部门目标为标准"这条。即使身在基础性岗位，也要眼睛盯着这个方向；对于部门目标，一定要思考在自己的工作小格子之外，自己应该主动做什么。

分工只是把部门目标、机构整体目标实现得更好、更快、更有效率的方式之一，而如果因为分工就把家（机构、部门的目标）也分了，那就本末倒置了。天天在自己的工作小格子里头不抬眼不睁，是无法跳出来的。要尽力让眼睛看到部门目标，在自己的位置上解决根本性问题，在可能的情况下给同事更多的支持和建议，这样做你在部门中就会越来越重要！

要记住，我们帮助了别人，别人也会帮助我们。一个在职场上永远不寻求支持的员工是不合格的员工，因为要把事情做到最好，一定不能只靠个人的智慧和能力，充分、有效地搜集和使用外部资源是优秀员工必须具备的能力。如果我们在部门中越来越重要，就无须担心如何寻找更多、更好的机会了。

| 利用好职场中的马太效应 |

职场中人员的流动速度在加快，有快速选择的流进流出，也有大浪淘沙的快上快下，职场新人在以极快的速度向这两个方向分流。

我认识一位年轻的市场专员，按照他的《职务说明书》，他只需要尽自己所能把品牌、产品和特点宣传出去，把市场活动组织好就可以了。但是他偏不，非要把产品手册背得滚瓜烂熟，做完了市场活动就帮销售做咨询；做完了咨询，又学人家做服务。

不让这样的市场专员做市场主管，让谁做呢？做了市场主管，他又在琢磨给客户的服务还能不能做得更深入一些，产品描述能不能再改得更清晰易懂一些……不让这样的市场主管管理一家分公司，让谁去呢？后来，这个年轻人很快就当上了分公司副总，第二年担任地区总经理。10 多年过去了，他现在是该集团的副总裁。

成功的职场人士从来不只做分内的事情，还会做团队需要有人做的事情，做为团队达成目标实实在在有贡献的事情。真心想要获得成功的人不会画地为牢、只做指定的事情，他们总是通过做机构需要有人做的事情，变成机构特别需要的人。

你可能会说，我没有那么大的企图心，只想把《职务说明书》

中列出的事情做好，只想做一个普通人。但是经济学中的"马太效应"不会允许人们长期待在舒适圈里，就像那个著名的计算公式：1.01 的 365 次方的结果等于 37.78[①]，1.01 中的 1 就代表仅承担《职务说明书》中列出的职责。

如果员工对自己的要求高于部门对他所担任岗位的要求，且员工对部门发展做出了实实在在的贡献，那么无论上级还是部门都会愿意把更多机会交给他来尝试，因为这样做决策成本最低、风险最小。于是这个员工就有机会获得更大的进步或成功，进而积累成一种竞争优势。

一个人开始在组织中建立起大家公认的竞争优势，就意味着他的不可替代性急剧提升，对于部门甚至机构的价值也会成倍增长，并最终形成赢家通吃的局面。这时即便他自己想甘于平淡也难以实现，因为机构已经提高了预期，责任、权力和待遇这些资源都会集中在他的手上，挥之不去。

为团队目标，而不是为《职务说明书》努力，才是每个人最安全、最佳的职业生存方式。分工明确地做好自己该做好的事情，竭尽全力帮助团队实现最终目标，做到这个程度的员工才称得上优秀员工。知道了团队目标，还需要了解团队的现阶段目标，再知道自己所负责岗位的目标，最后细化定位到本岗位现阶段的目标。

---

① 该公式的含义是一年中每天进步一点，就能取得远大于 1 的结果。——编者注

｜守住下限，争取上限｜

我大学刚毕业时，在一家国内著名的央企一线生产车间从实习生一直做到助理工程师，工作阶段的改变就让我面临了需要明确重点工作的问题。

虽然在那个时代，大学毕业生并不多，但在我刚刚实习时，同事对我的期望并不高，因为他们认为我什么都不会。有这么个什么都不会的人在自己身边，不给自己添麻烦，别影响正常工作就算万事大吉了。

我则认真思考了一下自己作为实习生的职责，具体而言是向车间的技术人员和工人学习生产技术知识和工作技能，为今后从事技术管理工作积累经验。下限是管理好自己，不要帮倒忙；上限是在力所能及的范围内给其他同事帮上点忙。

设定好下限和上限，工作起来就简单了。保住下限，就是要有点眼力见，不在别人忙的时候去问这问那。即便是别人闲下来有精力回答问题时，也要问一些有技术含量的问题，以验证看法、确定真伪为主，而不是问一些低级到只需要看一眼手头资料就能解决的问题。

争取上限则是不断向身边的同事学习，看他们怎么做事，想他们为什么这么做事，先学得像，再学得好。就这样，同事们不仅很少为我操心，还发现我能通过学习和练习掌握一些技术操作，在他们分身乏术之时提供帮助。

后来班组长注意到我可以独立进行一些技术操作，开始让我担任一名正式操作工人。我的主要责任也变为保证设备、仪表按照技术要求平稳运行，以便让上下游都安全、正常地工作，使整个工作流程顺畅运行。可以看出，这时我负责的范围扩大了，除了要管理好自己，还要负责机器运转，并与上下游同事共同维持生产装置正常工作。

这时我给自己定的下限又调整为成长为一名优秀的操作工人，让同事们对我负责的这个部分放心；上限则是了解前后工作的关系，并通过技术操作让一个系统运行得更好。

重点工作明确后，我不断向本岗位有经验的员工请教如何进行平稳高效的技术操作，并不断观察我的操作会对上下游产生怎样的影响，让同事们只需要很小限度地调整自己所负责岗位的数据，就可以与我相互配合。

一年实习期满，我被调入技术组担任助理工程师，这次我要在技术组长的领导下负责车间 30% 生产流程的技术管理，包括对生产技术进行改良，对 20 多个工人进行技术指导、培训和考核，在进行重大技术操作时负责指挥和监控，负责处理技术难题。由于我所负责的流程是产出最终产品的部分，因此我还要对产品是否合格负责。

无疑，我要承担的责任比起担任实习生和操作工人时承担的责任大多了，指挥失误导致产品不合格的情况每发生一次，就会给工厂造成数十万元的损失，全车间 200 名员工的月度绩效奖金也会被扣发一半。为此，我需要做到让每个员工都达到合格的工作标准；及时发现并处理装置运行中的各种隐患；了解各个设备的运行周期，以便使它们保持良好的状态；在进行重大技术操作时亲自监控，同时对所负责部分的技术改进提出意见和方案。这样我的重点工作就变成协调各方，包括工艺、设备、仪表、分析、电气等部门及人员，保证平稳运营。

我记得有一次生产线经过维修后重启，时间离产出合格产品的最后红线越来越近，但仪表显示杂质比较多，产品未达到合格要求。车间主任面色阴沉、怒气冲冲，大家都知道他很快就要发火了，尤其是看到我盯着主控计算机 10 多分钟没有进行任何操作时。

"产品什么时候能合格？！"他问我。如果我说"不知道"，他会发火；如果我给一个比他的预期长的时间，他仍然会发火。

我告诉了他一个可以接受的时间："大概需要半小时。"

"半小时？！"他怀疑地看着我，显然并不相信我的话。

我指着主控计算机上显示的一个参数说："还有 0.5 摄氏度，反应温度就到了我的预想温度。一到这个温度，就会产出合格产品。"

他还是不太相信我的话，20 分钟后，温度到达，只见在线分析仪器上的那条杂质红线"唰"的一下降了下来。车间主任难以置信地盯着仪器看了半天，然后起身亲昵地拧了一下我的耳朵。

在众多工作职责中找到重点工作，用最多的精力和努力把重点工作做好，就可以撬动信任杠杆，拓宽自己的职场之路。

小工具

1. 重点工作信息搜集表

	资料	内容	明确问题
1	机构年度工作计划	业绩目标、重点项目、新项目	与本部门和本职务的关联度
2	部门年度工作计划	业绩目标、重点工作	与本职务的关联度、本职务的贡献点
3	部门季度、月度工作计划	季度、月度部门业绩目标完成情况及瓶颈问题	本职务在其中所起的作用及承担的责任
4	本职务工作计划	本职务工作计划完成情况、部门及上级的预期	为完成工作所需要的资源清单
5	重要与紧急四象限表	根据重要和紧急程度划分四象限，将《职务说明书》中的职责及个人工作分别填入这四象限	重要且紧急的，马上做；重要但不紧急的，集中精力做；不重要但紧急的，马上开始，但可以拉长时间做；不重要且不紧急的，可以利用空闲时间做

2. 重要与紧急四象限表

重要且紧急的	重要但不紧急的
不重要但紧急的	不重要且不紧急的

第三章
创造优良人际环境

| 传达善意，获得收益 |

传达善意是必选项

在每份《职务说明书》中都应该有一条：向周围人传达善意，尤其是向同事传达足够的善意。这是每个人应该尽到的职责，不是为机构，而是为自己。

职场新人只有传达出了足够的善意，才能获得周围人发自内心的接纳，并进行高效合作。事实上，没有任何一个人可以靠一己之力把团队中自己负责的那部分工作做成，哪怕是一个纯粹研究技术的人员也不行。

刚刚工作的新人往往不以为然，觉得我按照工作职责做事，机构按照工作成果付我工资，是否向周围传达善意是个人工作习惯问题，关机构什么事？别人的感受又关我什么事？不可否认，任何机构考核员工时，首先考量的当然是员工是否按照要求完成工作、是否给出机构所需要的成果。如果只会向周围人传达善意，而无法用成果让机构满意，那肯定不可能在这个位置上干长久。

但如果在完成工作的基础上，不愿意或者不擅长向周围人传达善意，就只能成为合格员工，绝对不会升级为优秀员工。假如还时不时对周围人表现出负面情绪，最终工作上的合格，丝毫不会抵消与周围人相处不顺利所带来的职业负面影响。

30 年前我刚刚工作时，感觉向周围人传达善意就好像考试最后的加分题，可以不答。不过，选择不答，就会与其他人没有什么区别；而答不好，所有人都看得见，他们会在心里给一个负分。然而现在，这道题已经成为必答题，答错了则要倒扣双倍分数。

不会向周围人传达善意，意味着无法与周围人进行友好、充分、开放的合作。在现代社会、组织系统及人际关系中，合作是成功的最重要因素。向周围人传达出恶意，只能树敌；对周围人无感，只是做好自己的事情，最终很难把事情做好；只有向周围人传达出善意，才能获得同样充满善意的理解、宽容和回报，才能建立优秀的合作关系。

职场恶意随时存在

什么是职场恶意？不要以为只有想着陷害别人才是恶意，在职场上想着陷害别人的人是恶人，他们往往不只有恶意。但许多时候，大多数人只是无意识地表达出某种程度的恶意。比如只想着自己的利益得到满足，只想着自己舒服，丝毫不顾忌别人的感受，总希望这个世界和别人对自己特殊一点，这也可以说是一种恶意。

可能有些人反对我的看法："我对其他人没有恶意啊，只不过想把自己的事情做得更好一些，想让自己更舒服一点罢了。"但假如事情做得好是让别人付出额外努力来配合，或者舒服是以别人不舒服为代价换来的，而当事人要么不自知，要么不感激，这就肯定是恶意了。

如果在妨碍了、干扰了、误导了、麻烦了他人之后，再加上一句"你也可以这么做"，那就不仅仅是恶意，简直可以说是恶劣了，因为这句话隐含的意思就是："我想这样做，我就这样做了，你也可以来妨碍、干扰、误导、麻烦我啊！你不做，就不是我的问题了。"

这种恶意许多时候并不是故意表达的，只是因为在那个时刻我们以自己为中心，以为其他人都应该应和我们而已。以此类推，诸如"我不管，我就要这样！""你们必须好好配合我！""我的事情要优先！"这些脱口而出的话，其实在其他人听来，都属于恶意。

凡是能够说出这种话的人，大多数情况下往往自己说时不觉得有问题，别人这么说时就感觉非常刺耳。我曾经批评一个经常迟到的高层管理者，他挺不服气，反问我："我每天晚上加班开会你怎么没看到？"我告诉他："那些跟你一起加班开会的人可是准时上班的！他们凭什么因为你的迟到而加班开会？"

无感状态，源于不自知

什么是无感？其实就是视而不见，见而不觉，觉而无动于衷。

我刚参加工作时就是如此。那时负责技术的几个人在一间办公室里，各负责一段工序。每天下班前，我都把自己的工作认真检查一遍，一到下班时间，就高高兴兴地换上便装回家了。虽然也经常看见办公室里的其他同事在加班，但我觉得跟自己没有关系。我认为，工作没做完是同事效率不高，我效率高是为了让自己休息，不是为了帮助同事。

有一次在处理故障时，上级让我拿一份技术图纸到现场，我自以为是地拿了一份图纸过去，上级看到图纸脸都气白了，当着其他技术人员的面教训了我一番，告诉我拿错图纸了。当时，我满腹委屈，明明几个同事都看到我拿错了图纸，怎么就没有一个人提醒呢？没有一点团队精神！

事后我向技术负责人抱怨，技术负责人问了我一句："你觉得别人没有团队精神，但你把自己当成团队成员了吗？别人加班时，你丝毫没有帮忙的意思，既然你觉得自己没有帮助别人的义务，凭什么要求别人主动来帮助你呢？"

这句话如醍醐灌顶，让我一下子醒悟过来。是啊，如果我给自己划了一片自留地，认为只要把这片地里的庄稼种好就万事大吉，周边的地种好种坏跟我没有关系，那我有什么资格在自己缺种子、缺肥料、缺水时，去向别人借种子、借肥料、借水呢？

同时，如果天天只盯着自留地，把自己封闭起来，别人地里种了更有价值的作物，我肯定也看不见。等到别人有了成果、有了进步，我又有什么资格说别人不帮助自己？

人与人之间如果保持着这种无感，老死不相往来，就好像建立起一个个独立的大棚，把自己的地罩起来。我不求你，你也千万不要来麻烦我，咱们互不相欠，君子之交淡如水。

在这种情况下，自己大棚里的庄稼长势一定不会好，因为没有其他地里的庄稼传来花粉，庄稼缺乏基因多样性，生态系统就会变得非常脆弱；罩着大棚，就无法引进大型联合收割机，因为收割机在小空间里施展不开；大棚同样会挡住视线，成为一个井，最终自己在里面成为井底之蛙。所以对周围无感，是给自己画圈，最终被圈住的一定是自己。

善意就在那里

对周围人表达善意其实并不难，因为善意存在于我们每个人的内心，"人之初，性本善"。不忘初心，方得始终。善意并不需要大家披肝沥胆，做什么大事，往往在小行动中就能体现出来。

比如，离开自己的位置时，把椅子推到桌子下面，不要让别人来回不方便。

比如，递给别人东西时，把好拿的部分对着别人。

比如，在完成自己负责的那部分工作后，要想着还有别人做接下来的工作，尽量让别人接手得顺利、舒服一些。

比如，在别人加班时，问一句"需要我帮忙吗"。别人不需要的话，走时也别表现得太得意；别人需要的话，做一些力所能及的事情。一个与你同样合格的员工如果需要帮助，那他肯定是真有为难之处，而有一天他的力所能及会同样让你受益匪浅。

比如，不把自己的意志强加于人，不替别人做判断和选择。机构的意志不可能得到每个人的推崇才能推行，但同事之间需要帮助、支持与分享时，不能以自己这一方的道理去强行让对方接受。

比如，做任何事时，要尽量想想这件事除了给自己带来好处，是否会给别人带来麻烦或者伤害。如果没有更好的办法，想想还能在哪些方面给予别人便利。

上善若水，利物不争，但没有一个人认为水没有价值；上德若谷，愿容百川，但没有一个人认为山谷没有内涵。善意如天上的太阳，无须提醒世人自己的存在，因为每个人都能够感受到它的温暖。

｜ 传达善意，是种能力 ｜

善意可以出于自然

许多年轻人初入职场，或是没有表达善意的意识，或是不知道传达善意的重要性，或是有这个意识但不知道如何传达，或是知道如何传达但不知道如何把握尺度。

我也有过同样经历。大学毕业被分配到央企，我是最先报到的毕业生之一。人事处的工作人员告诉我们几个先到的毕业生，分配具体岗位之前所有毕业生都要进行两个多月的培训。由于还有不少毕业生尚未报到，最先报到的人员就在一间大会议室里面，在人事处工作人员的指示下整理人事档案，等待毕业生到齐后一起开始培训。当时我对此是比较困惑的。

一是不知道什么时候才能开始培训，因为个知道毕业生什么时候才能全部报到，甚至不能确认是不是所有毕业生都能及时收到录用通知书。当时录用通知书是用挂号信发的，有些毕业生正在毕业旅行中，什么时候能收到挂号信都是未知数。

二是不知道现在这个状态算什么。如果算上班，天天整理并不认识的人的档案，我不知道这种工作对今后到底有什么帮助。人事处的工作人员不可能总陪着我们，几个毕业生在空旷的会议室里边整理人事档案边聊天，跟我之前想象的直接进入工作状态差距有些大。

三是当时也没有提供日程表，我非常好奇单位提供什么培训内容。两个多月够在大学学几门功课了，到底是什么需要学两个多月，而且是和不同专业的学生一起学。

我给自己定的原则是，既来之则安之，尽可能与伙伴们融洽、和谐相处，因为他们是我未来的同事。

在整理人事档案的过程中，我主动提议毕业生之间相互介绍自己来自哪所学校、什么专业，同时在介绍和工作中发现了每个人的特点。有的人写字速度极快，有的人特别会讲笑话，有的人特别踏实肯干，有的人特别细心和耐心。结合每个人的特点，我利用自己做事流程化的习惯把人事档案整理工作分解开，让每个人各自负责一个环节，发挥自己的长处、协作配合，从而大大提升了工作效率。

另外，由于操作过程需要相互配合，大家或主动或被动地提高了沟通频率，大量沟通很快就让我们成为一个快乐并且相互帮助的团队。每天早到的人会主动把当天的准备工作做好，中午大家一起去食堂吃饭，晚上一起锁门下班，累了一起舒活筋骨，无聊了轮流讲故事和笑话。

后面每当有新人加入时，大家就自动根据自己性格和特点去补足相对薄弱的环节，一个高效率团队就这样搭建成了，所有人员都很快融入了组织氛围。培训一开始，人事处的工作人员发现无论安排什么培训项目，甚至一些体力劳动，我们这些毕业生都能够迅速行动、分工协作、干劲十足。

两个多月的培训结束后，我们被分派到了不同部门和岗位，但大家还是经常有事及时沟通联络，时不时小聚一下，甚至有一对男生、女生经过长期相处，最终还结成了夫妻。几年后，当这届毕业生走上各个部门相对重要的岗位时，部门负责人发现无论派我们去哪个部门协调工作都快速高效、收获满满，因为每个部门都有这届毕业生在做具体的、关键的工作。

善意可以认真准备

对周围人有足够的善意既难也不难，难的是大家不熟悉，为什么一定要有善意？不难的是，如果心中本来就有善意，并不是针对某个特殊群体才有的，就很容易展现。

有的人天生冷漠，有的人天生热情，天性使然，不可强求。但如果我们准备为确定要面对的环境投入时间、精力，并最终希望有所收获，即便天生冷漠也需要去准备足够的善意并投入其中。

当然如果能不这么功利地投入善意最好，对于心怀善意的人，传达善意本身就是一种回报；而对于没有多少善意的人，硬挤出善意也是一件挺难受的事，不过这确实是一件应该做的事，因为假善意挤得时间长了，也会产生真的善意。

即便周围都是竞争对手，那也没有关系，有足够多的善意并传达出来，并不代表着不相互竞争，能很好地传达善意恰恰是竞争的利器。如果需要通力合作的人彼此针锋相对，大家的职场生活都不会愉快，因为每天都在互相防备、试探，最终所有人的工作都不会顺利。

作为分配资源的人，领导者面对一个融洽的团队想的是如何优中选优，面对一个不团结的团队想的则是在差中选出不那么差的人，但最终定性是整个团队都比较差。

在一群不会很好传达善意的人中，能够传达善意就成为制胜武器；而在一群善于传达善意的人中，能够更好地传达善意会让人脱颖而出。这个规律对于处在任何职业阶段和职业环境的人都适用，并且屡试不爽。

比如，在同时被分配到我所在央企的毕业生中，与我专业相同的人不少，其中不乏名校出身的。由于知道培训后被分配去的部门不同，每个人都希望通过两个多月的表现脱颖而出，获得去最好部门的机会，所以培训期间大家既是伙伴，也是竞争对手。

不过大家选择的竞争方式并不是每天你瞪着我、我盯着你，相互防备，而是在培训中花最大精力把培训课程学扎实，努力在团队中发挥作用，不断向不同学校、不同专业的毕业生学习。

这种良性竞争、善意竞争的状态最终让所有人都得到了认可，我们被认为是综合素质突出的一届毕业生，经过两三年的锻炼，许多毕业生很快就从一线生产岗位被抽调出来，进入了管理岗位。

适应环境需要决心

许多人进入工作岗位时并未拿出足够决心来适应环境，这也是为什么有人会说 95 后第一份工作平均在职时间为 7 个半月。

可能有不少年轻人会摇头质问：“我凭什么对没有把握一直做下去的工作、环境及周边的人传达善意？”

第一，每个环境都值得我们去适应。

我并不认为所有人都幸运到能很快找到自己热爱的工作，可能我们选择目前这份工作是因为它有响亮的品牌、不错的待遇、舒适的办公环境，或者只有以上条件中的一个。但选择了这份工作，就意味着已经投入大量成本——求职的时间成本、费用成本及机会成本，所以如果想离开，在否决之前选择这份工作的理由的同时，也要在对比中明白自己到底需要什么，以及为什么目前这个机构不可能提供自己所需要的。

要达到这个目的，就要知道这个机构的资源在哪里，获得这些资源的前提条件是什么，自己是否具备；如果现在不具备，需要多长时间才能具备；在这个机构中收获什么可能是下一个机构看重并且愿意为之付出高薪的。

要知道这些，就要了解机构；要了解机构，就要适应机构。看这不顺眼，看那不顺眼，是发现不了机构里面最有价值的点在哪里的。不要指望机构适应你，机构现在的一切与行业、地域、从业者、创始人、竞争环境、发展历史有着千丝万缕的联系，它不会因为我们的到来而发生变化，除非我们有一天熟悉它并且有能力改变它。

刚刚加入、根基尚浅就不要试图改变机构，有这种想法说明你在职场上非常幼稚。据说华为有一个新员工，名校毕业，刚到华为时，就公司的经营战略问题，洋洋洒洒写了一封"万言书"给任正非。他原本以为自己独到的见地能够打动任正非，结果任正非却对他毫不理会。这就是一个非常生动的实例。

第二，要适应环境就必须拿出一定的决心。

没有一定的决心去主动适应环境，很可能一开始就适应不了，或者半途而废。在上面已经讲到，机构现在的一切与各种因素相关，这些因素又构成了许多现象和细节，产生了大量需要学习的知识。

比如我毕业时进入石油系统，里面的话语体系与学校完全不同，既有从学校到社会的变化，也有行业的特点。上下级和平级之间沟通时使用的专业术语既有来自书本的，也有约定俗成的，甚至还有某个部门发明创造的。要熟练掌握这个话语体系，就要花费时间和精力学习。

这种学习本身就需要有一定决心，有些术语学完之后可以在整个行业通用，比如我过去所在行业的人都知道有一种工具叫"F扳手"，学名叫"F 型阀门扳手"，因为样子像英文字母"F"；不是这个行业的人恐怕连见都没有见过，但这个术语在这个行业通用。

有些术语受地域限制和时效限制比较大。其代表的含义、背景、外延、指向都是在固定情境下使用的，很可能出了这个机构就不是这种说法了，但如果不用这种长期以来形成的说法，同事们就不能迅速、准确地了解你的意图。比如我经常在部门讲的"精细实快"四字标准，就脱胎于"三老四严"这句流传于东北石油系统、源于大庆石油会战时的工作理念。"三老四严"在东北炼化企业老一辈人中耳熟能详，出了这个区域，甚至不是这个年龄段的人都不一定知道。

至于只用于部门内部的术语，范围只限于十几个人，最多几十个人。一旦离开了特定环境，可能今后都不会用到它，比如我们用图纸里的代号称呼某个设备，但换了一个车间，同样的设备因为代号不同，称呼就发生了变化。

所以，如果没有一定决心，会愿意学习这些内容吗？但是不学习，使用不了这些术语，就不能与周围人进行有效沟通，也无法使大家对我们产生认同感。连认同感都没有，又如何适应环境？其他人不知道我们在讲什么，又如何对我们产生善意呢？

记得同届毕业生中也有人私下向我抱怨，说他虽然很想跟同事们建立起良好的人际关系，但他们并不买账，对新人的融入行为采取拒绝态度，自顾自地凑在一起讲只有他们自己知道且感兴趣的事情，在一边听着的他要么非常尴尬，要么只能沉默不语。

这种感受我了解，我曾经去一个地区谈合作，晚宴时合作方坐在一起开心地讲当地话，我一个人坐在旁边什么都听不懂，处于走也不是、留也不是的状态。不过我当时想的是，如何找出一个自己擅长而对方又感兴趣的话题（注意，对方不感兴趣的话题，自己再擅长，也不足以让对方把注意转移过来），让他们用普通话与我探讨，而不是让他们马上停止说当地话来尊重我这个北方人。

而且，如果今后要长期合作，那我唯一的选择就是要努力学习并尽快听懂当地话，而不是让所有的当地合作方在我面前只能讲他们并不熟练的普通话。

要主动给出善意

善意是主动给别人的，不要指望靠个人魅力去吸引善意，因为大多数人没有那么大的魅力。

发自内心的善意从来都是主动的，虽然不一定所有主动的善意都是真善意，但真正的善意就像阳光照到身上，并不需要人主动靠近它才能感觉到。

主动给出善意的人并非不谙世事，会有一些比较幸运的人天生就喜欢并且善于给出善意，但对大多数人来说，给出善意需要很大勇气，原因是许多时候人们对给出善意感到恐惧，比如害怕善意不被理解，害怕善意不被接受，害怕善意没有回应等。

许多人在给出与不给出善意的边缘纠结、徘徊后，最终选择了观望，看其他人怎么做。如果其他人都在给出善意，他们就给出；其他人选择冷漠，他们也选择冷漠。这种情况产生的原因可能在于人们不够自知，对影响他人的能力没有把握，所以必须由他人影响才会去做事；原因也可能在于人们不够自信，需要他人认可，才觉得自己的善意有存在价值；原因还可能在于人们缺乏自我行动能力，做任何事情都需要他人带动，才能去做大家都做的事情。

很幸运，我参加第一份工作时先于他人选择了主动与人为善，让其他毕业生甚至人事处的工作人员看到了我的不同。后来在选培训队长时，所有人不约而同地把选票投给了我。虽然我的学校不是最有名气的，我本人也并非最有才华的，但能够赢得大家的信任，是由于我不断地主动把善意传达出去，并且从来没有要求回报。

同样幸运的是，我刚刚进入民营机构时，作为部门中比较年长的（不得不说在留学培训机构中，32 岁已经是一个年高有德的年龄了）主管，从来不吝惜把善意传达给同部门那些刚刚毕业两三年的同事，当然他们也把我当成老大哥来看待。

我分享了自己在人力资源管理方面的经验，他们则教会了我许多不同体制、不同行业以及机构背景、历史沿革和人际关系等知识，这对我完成跨行业（石油转教育）、跨地域（东北到北京）、跨体制（央企转民企）、跨文化（国企半军事化转人文国际化）的转型非常重要。

入职培训选队长时的选票，刚刚转型时获得的建议，都是大家回报给我的善意。这些回报让我在入职培训的最后阶段为人事处提供了对所有毕业生的个人评价；也让我在转型期迅速进入角色，半年内获得两次提拔、三次涨薪，半年后工资待遇涨到了刚入职时的 2.5 倍。

要理解并且主动给出善意，必须知道以下常识。

第一，并不是每次给出善意都会被对方理解。毕竟能够主动给出善意的人并不多，许多人徘徊在给与不给的边缘，这种人对其他人的善意也会抱怀疑态度，考虑到许多善意被误解的程度，不被理解可能还是一个相对不错的回应呢！指望每次给出善意都被理解就好像指望每次抽奖都能中 500 万一样不切实际。

第二，并不是每次给出善意都会被所有人接受。 即便感受并理解了善意，仍然会有人不接受。为什么？因为这些人可能会觉得我们另有所图，即便无所图，也可能因为自己无以为报而拒绝接受善意。有一些人（并且不在少数）觉得最好与这个世界及这个世界上的人两不亏欠。我不求你办事，你也不要来求我；即便你主动给出善意，并且不要求回报，我也不需要。

有这种想法可以理解，因为他们觉得自己的事情还忙不过来，哪儿有时间接受其他人的善意让自己有所亏欠。但他们可能没有意识到，生而为人，既无法做到不亏欠这个世界（毕竟还呼吸着这个世界的空气），也无法做到不求别人，因为现在毕竟是分工协作的社会，没有人能靠一己之力生存下来。既然无法做到两不相欠，那么不断相互交换才是唯一的正途；既然我们无法改变别人的想法，那么只有努力传达善意，同时并不要求所有的善意都被别人接受才是最好的做法。

第三，真正的善意不必要求回报。 别人理解了我们的善意，并且接受了，那他们会不会回报呢？不一定！可能有人会说："如果对方不回报我的善意，那我岂不是很'傻'？"

事实上这种很"傻"的事情并不稀少，比如我们在一个陌生的地方问路，有可能回报对方吗？等对方来到我们的城市，偶遇一下，给对方指路？这个概率比中彩票的概率小得多；拿两元钱作为小费？我不知道世界上有没有人以此为生，但在中国绝大多数地域，这种做法会被对方嗤之以鼻。鉴于这种指路的善意大概率无法获得回报，那指路人岂不是很"傻"？这样的话如果外乡人来问路，我们准备怎么办？

我相信只要不是问路人形迹可疑，绝大多数人会告诉他路在何方，甚至有人会带他去。既然善意准备给出去，就不要一心想着回报，给出善意这个行为就是对充满善意之人的回报，过程即结果。

第四，主动给出善意并非不加判断和限制。善意可以坦然地给出、接受；如果过分滥用，甚至恶意利用善意也需要加以警惕乃至拒绝。

善意需要智慧支持，愚昧者的善意犹如把重病患者拉到寺庙，只为求菩萨保佑；智慧者的善意则犹如把患者送到医院接受治疗。给出善意时，希望我们能够通过知识和人生智慧做理智的决定，在不伤及自身的基础上，更好地帮助他人。

要善于给出善意

再大的善意也需要用适当的形式表现出来。据说有领导曾经教育年轻干部要懂得生活礼节，敬茶要自己端着茶杯，将茶杯把转给客人。如果自己握着茶杯把，将滚烫的茶杯递过去，看着对方接也不是、不接也不是，心里纵有万般善意，也丝毫没有表现出来，反倒可能会被对方认为在搞恶作剧。

年轻人可能会问，烫到我自己的手怎么办？我只能说，递茶的是你，你应该知道在什么情况下把茶递出去，自己不会被烫到：不要把水倒满，再找个杯托。

许多人都曾经说为什么一片好心被当成了驴肝肺，因为一切不动脑子的好心有很大概率最终成为驴肝肺。不去用心传达善意就好像买到最好的排骨，却没有掌握好火候，把排骨做成了一锅焦炭，再逼着大家吃完，还告诉大家："你们就是应该吃完啊，我买的是市场上最好的排骨，用的是最全的佐料，花了很长的时间！"被逼着吃排骨的人一定在想："要不你自己来吃吃看？"

善意与善果之间的距离有时远得超乎我们的想象，有因才有果，因是果的前提条件，善果缘于善因，但善因并不一定有善果。

我记得 30 年前学过一篇英语文章，讲的是：在美国阿拉斯加自然保护区，老百姓为了保护鹿而把狼消灭了，鹿没有了天敌，终日无忧无虑地饱食于林中。十几年后，鹿群由 4000 只发展到 40 000 只，但鹿的体态蠢笨，没有了昔日的灵秀，植物也因鹿群迅速繁殖而被啃食、践踏得凋零了。鹿由于缺乏充足的食物及安逸少动所带来的体质衰弱而大批死亡。人们只好把狼再请进去。鹿虽然又开始四散奔逃了，却恢复了蓬勃生机。

这个事例告诉我们，有时候即便是集体的善意，仍然需要有足够的智慧才能取得期望的成果。

如何去获得这种足够的智慧呢？现实环境对人类智慧的要求是无穷无尽的，在一个岗位上就要有匹配这个岗位的智慧才能充分、有效地表达善意；而当岗位发生变化，需要承担更多责任时，就需要更大的智慧来施行善意。

作为有十几个人的机构的人力资源管理人员，要做到的是与他们每个人沟通，让每个人在接受专业服务的同时，感受到善意；而作为有上万名员工的机构的人力资源管理人员，要做的是每天思考如何让这上万人彼此加强沟通，在相互提供专业支持的同时，感受到彼此的善意。

不同的阶段用不同的方式才能把事情做好，永远只会用一种方式传达善意的人，只适合在一个固定不变的岗位上工作。善意本身不需要变化，但是表达、运用善意的智慧需要不断提高。

向周围人传达善意是一个需要不断练习和大量智慧的技术活！

┃ 小工具

回答以下问题

1. 我的善意可以传达给谁？

2. 对于不同的人，我需要采取哪些不同方式传达善意？

3. 周围人身上有哪些值得我学习的地方？我应该采取什么方式学习？

4. 传达善意时哪一点让我最开心？

改变自己的思维方式

大多数新人进入职场都是心怀忐忑的，充满着对未来不确定性的担忧，这种担忧特别容易引发焦虑、抑郁等情绪，让人变得敏感、脆弱。如何在工作中丢掉这些负面情绪，以更加正面、积极的心态充分体现个人价值，是职场新人要面临的一个很重要的课题。

同时，**职场新人刚刚从学校毕业，用多年来形成的学生思维面对职场，也存在各种不适应。**

比如习惯被安排，很少主动规划，很少主动寻找资源和寻求帮助。

比如用学校的标准评估职场，用处理学校内部关系的方式处理职场关系。

比如只关注做事，不关注做人；看重工作技能，轻视人际关系。

比如对事情要么想得过于简单，要么想得过于复杂。

比如总是试图寻找唯一的标准答案，没有意识到达到目的的方法有很多种。

本部分通过三章内容和一些附带工具来分析这些问题。

第四章
丢掉负面思维

| 与其抢饭碗，不如造饭碗 |

饭碗危机

我岳母 80 多岁，有一天她特别认真地对我说："不要把你会的都教给别人。"

我纳闷为什么老人家突然说这种话，后来她跟我解释，是听说我经常在集团内部做各种培训，怕我把会的都教给别人。"教会徒弟，饿死师傅，这是一句老话！"她叮嘱我。

我不禁哑然，这句老话放在岳母工作的时代是有一定道理的，当时从业人员的工作地点、行业、机构比较固定，需要的知识、技能有限，经验也没有多少差异性，所以一旦这些职业要素被其他人尤其是年轻人掌握了，他们再将精力、体力上的优势发挥出来，势必对传授者造成职业威胁。

但如今时代发生了巨大变化，**每个行业、职业涉及的知识呈几何式增加、快速被淘汰，技能也呈现跨领域、多岗通用的趋势，经验更是随着内外部客户需求的升级而不断被重塑**。每个传授者都必须汲取比学习者更多的信息，逼着自己站在比原来思维层面更高的角度进行思考，才能用更新的角度去讲好听众可能早就通过书籍、网络、移动终端有所了解的内容，所以**成为一个合格的知识分享者已经成为提升自己的最佳方式。**

当然岳母并不知道这些，她只是非常替我担心，担心我失去目前的职位。这种担心只存在于年届八十的老人身上吗？事实并非如此。

旁观身边许多年轻人，他们身上的这种心理比我岳母的更重，他们有种深深的恐惧，就像几万年前原始人类走在丛林中，时刻担心从树后、草丛中蹿出一只肉食动物来捕猎自己一样。在这些年轻人眼里，所有人都可能是干掉自己、抢走饭碗的那个人，周围危机重重，每天似乎都存在着隐藏的危险。

于是他们把明枪和暗箭随身带好，时刻准备遵循丛林法则去干掉可能威胁到自己职位的人；于是他们每天都在脑内幻想各种"宫斗"①，似乎从上到下、从左到右都是敌人，整天让自己沉浸在《无间道》的剧情中，难以自拔。

是什么让二三十岁的年轻人有着这种过时的防范心理？是什么让他们把时间更多用在阻挠别人上，而不是将身心用在事业上去开疆拓土？知识、技能、经验的令人咂舌的升级、职场的激烈竞争、组织战略调整、部门架构变化、领导变迁调动、跨界人才引进这些外部条件给了年轻人很大压力，但大家要知道，任何外因都是通过内因起作用的。导致年轻人产生职业恐惧的内因才是关键，而这内因又是什么？

---

① 宫斗，互联网流行用语，指古代宫廷中发生的一系列心计、谋略上的争斗，泛指钩心斗角。

根源在于不自信

首先是发自内心的不自信。在行业竞争的坐标系中、组织选拔的竞技场内，每个人可能都会在某一刻对自己没有信心，即便是实力强劲的高手也有怀疑自己判断的时候。失去自信不可怕，可怕的是一直没有自信或者失去了自信却找不回来。

职场新人最容易处于自信缺失的状态，惶惶不可终日，每天都在琢磨上级的一句话、同事的一个眼神、汇报线路中又增加了谁、给同事发邮件的抄送次序。他们坐在办公位上猜到底谁能够替代自己，或者是不是正在被剥夺权力，或者是不是有人在背后议论自己。这样既无助于解决问题，又会增加无端烦恼。

在职场中正确处理一时不自信的方式是，一旦发现自己产生了这种情绪，就要去寻找原因：这种情况在之前的经历中有没有遇到过？自己有没有准备好？影响会有多大？为什么会有这种影响？找到原因后，以就事论事的方式加以解决，解决之后就不要再想，开始专心致志地面对下一件事。

正确的处理方式往往会带来正确的结果，将事情控制在可控范围之内，而不是据此去猜测别人的态度，事情就会变得简单，自信也会随之逐步建立起来。

可能有人会问，假如就是有人居心叵测怎么办？请问，我们能改变别人的想法吗？如果不能，那操那么多的心有什么用？如果能，一定是因为我们足够自信和强大，让他放弃了自己的想法；因为如果他继续这样，失败的就可能是他。一个真正专注于发展的机构，不会让尔虞我诈的权力斗争伤及机构文化的根本，对不解决问题、一心只想制造问题的人通常不会心慈手软。

我经历过一个员工汇报时诚意满满地说方案是自己殚精竭虑、

忙了通宵做出来的，然而被问到细节就张口结舌、支支吾吾答不上来。我把方案翻到最后一页，上面赫然打印着别人的名字，结局是他满面通红地把方案收拾起来狼狈退下。冒他人之功就是最大的不自信。

我遇到的真正充满自信的员工，大都敢于在大庭广众之下承认自己在某个方面做得并不好，还会特别感谢对自己工作有所帮助的人，**有谁会因为向别人学习或者寻求帮助而被看轻吗？当然没有！只要通过这些学习和帮助最终提升了自己的能力，成就了一番事业，大家投给他的眼光里就只有羡慕和敬仰。**

自强才是真强

其次是没有将主要精力用于提升自己。可以想象，假如某个职场新人每天上班的第一件事，就是想着今天怎么把工作做得更好一些，怎么让自己在完成任务的过程中掌握某个知识点、提升某项技能、增加某种经验，那么每天工作的过程将是十分充实的。

专注于提升自己的人永远会给自己"加戏"，永远不嫌麻烦，永远在想方设法提升现有标准，永远给工作做加法。在这种情况下，哪儿还有时间恐惧？哪儿还有时间去盯着别人是否在追赶或者超越自己？因为这样的人每天都在超越昨天的那个自己。

所以，**只要把注意力从别人身上转移到自己身上，心中充盈的就是成长的喜悦，**而不是担心被取代的惶恐。真正能够提升自己竞争力的人到哪里都不可能被淘汰，即便被超越，也会很快从超越者身上学习优点、汲取能量、取得进步，因为在这样的人眼里，周围人身上都有着这样或那样需要学习的地方。

而在专注于观察谁可能替代自己的人眼里，这个世界则完全是另一副模样：周围人身上都有这样或那样的缺点，总有一个地方不如自己，所以没有人有资格替代或者超越自己；如果替代或者超越了自己，就一定是要了什么手段。

有着这种心理的人，即便升到高管职位，仍然会天天疑神疑鬼，觉得张三是准备替代自己的；李四做事、说话是针对自己的；王五不听自己的话一定是有异心；赵六提了点意见就是故意挑战自己的地位。这种猜忌只会让自己难受，让别人难忍，最终一定不会带来什么好结果。

饭碗由谁决定

最后也是最重要的原因是，没有领悟到在机构中生存下来的唯一真谛：让终极客户满意。

有强烈恐惧的人，眼睛盯着的是自己的饭碗，沿着饭碗边缘一路看出去，看到的都是准备抢饭碗的人，而忽视甚至忘记了那个给自己饭碗的人。职场的饭碗不是同事给的，甚至也不是上级给的——真正优秀的员工对上级来讲是稀缺资源，想留还怕来不及。

饭碗是谁给的？很简单，是公司的终极客户，用钱来购买产品和服务的那群人给的。他们不出钱，公司没收入，所有人都没饭吃。他们满意了，上级就会满意；他们认可了，大家就有饭吃。他们有一点点认可，我们就捧了一只泥饭碗；他们比较认可，泥饭碗就换成瓷饭碗；他们非常认可，我们捧的就变成铁饭碗；他们愿意向周边的人推荐我们，那么我们捧的就是金饭碗。

所以不用管周围人有什么想法，想尽办法让终极客户满意，就能获得最终成功。不要说自己在二线岗位，如果你为一线岗位员工服务到位了，一线岗位员工工作起来心情愉快，你就是在为终极客户服务；不要说自己是高高在上的高层，如果不知道客户想什么，最终你也会从现在的职位上跌下来，而且坐得越高跌得越狠。

我在内部培训备课时，时刻都在想，怎样才能通过培训让教职员工更好地为客户服务？课程怎么设计才能让大家觉得在这个机构里有发展、有前途？只有设计出能解决这些问题的课程，才能真正帮助到大家，同时也能帮助自己。

所以，有人神秘兮兮地问我："知道其他人在背后怎么议论你吗？"

我一般都告诉他："别告诉我，我不感兴趣。"

这种人往往要么很尴尬地走开，要么很惊奇地问我："为什么不感兴趣？"

我说："没空，我很忙！"

一个自信、专注于自己成长、天天想着让终极客户满意的人，知道自己是什么人，也不那么关心自己在别人眼中是什么人。

| 欲成人间事，先破心中贼 |

心学大师王阳明讲过："破山中贼易，破心中贼难。"总结将近 30 年的人力资源管理经验，我认为解决工作中的问题并不是最难的，解决人的思想问题才是最难的。职场人在成长过程中会遇到各种"心中贼"，这些"心中贼"阻碍了职场人，尤其是职场新人的发展。这些"心中贼"就在我们身边，需要加以提防。

1. 客观困境贼

职场新人面对困境和逆境，往往心生畏惧，但偏偏不承认是自己气馁了，一定要把原因推给外界，推给客观条件，甚至推给个人性格。

以做业务为例，团队里永远都会有一些若隐若现的声音，这些声音无外乎"我们的品牌在当地还不够响亮""竞争对手的强大超出想象"等，诸如此类的声音永不消失，尤其在创业者或者新建机构的新人中更是不绝于耳。

听到这些声音我特别纳闷，难道说这些话的人不知道一个最基本的常识？后来者必然要面对先到者更强的品牌影响力。难道他们认为一个刚刚建立的团队马上就会比先到者更加强大？但职场人真的连基本常识都缺乏吗？不是的，是职场新人看了太多网络上的成功案例，以为成功不应该这么难，或者认为自己既然付出了心血，就一定会旗开得胜、无往不利。谁说一定会是这个结果？

据统计，中国民营企业能够挺过 10 年的，只有 2%。不要以为没挺过的那 98% 的企业都是一群不够聪明、懒惰和目光短浅的人创办的，创业者中有许多人比在成熟企业中身居高位的一些职业经理人更聪明、更勤奋、更有眼界。只不过他们中有许多人最终"成功地"在困难面前找到了原谅自己的理由，倒下了或者逃走了，这些理由就是"客观困境贼"。

2. 家大业大贼

许多人加入大机构总会抱有一种幻想，觉得机构家大业大，得有大公司的样子，尤其在花钱方面应该大方一点。但任何大机构都曾经是小机构，都是创业者一点一点做出来的，传到后继者手上会变成什么样不好说，但只要还是创业者掌舵，他大概率不会用花架子自己骗自己。

一些职场新人面对这个现实会有些失望，可能会想："没有打算拿出大钱，就不要想去做大事。"但当年的创业者也没有多少钱，仍然把机构做到了今天令许多年轻人向往的程度。

从"没有钱"这个起点到"今天这个程度"之间的距离就是创业者的价值，而从"有些钱"这个起点能够走多远就是后继者的价值。

我的家乡在松花江边，上游有一个松花湖，湖里产三种名贵的食用鱼，因为三种鱼的名称中都有一个"花"字，因此被称为"三花"，它们分别是喜欢在湖底下陷处躺卧的鳌花鱼、在水体中上层的鳊花鱼和在水体中下层的季花鱼。湖最深处有几十米，每种鱼分布在不同的水层中，很少去另外"两花"的所在水层闲逛，但它们都活得很好。

总体来说，社会是一个湖，机构只是湖中的一个水层，员工是鱼。如果适应这层水，鱼会活得很开心；如果不适应，但又希望在这个水层待下去，就要想办法去适应。适应不了水层温度、深度和水流速度，也不要抱怨，更不要想着让这个水层兼具你个人理想的状态，去寻找适合的水层就好了。

3. 小资心态贼

小资生活谁都想过，收入不菲，并且可以经常性地度个假，晒晒照片，岁月静好。

这种生活除了富二代这个"职业"，还有什么样的工作能提供？作为一个职场人，尤其是职场新人，有没有办法又有钱又有闲？可以说，没有。想有钱就无法有闲，想有闲就没有钱赚，竞争激烈的职场不会对某个人格外好，让一个人同时拥有鱼和熊掌。普通人唯有奋斗才能实现自己的梦想。

想奋斗只能在工作上跟小资心态绝缘，跟"大树下面好乘凉"心态绝缘。职场新人在进入机构之后唯一的选择就是全力以赴。什么是全力以赴？如果努力是用力到痛苦的程度，那么全力以赴则是痛苦到时刻都想放弃的程度。

想拥有美好生活，工作上要奋斗，生活上也要奋斗，即便挤出空闲时间，也要用这段时间努力让生活变得更加充实，唯一不要的就是闲散的生活。想要这种生活的人早晚会离开一个不断前进的机构，要么干得不舒服自己离开，要么业绩不好被机构辞退。

4. 迷恋权力贼

许多职场人迷恋权力，事实上无论什么岗位，只要有责任，就会有相匹配的权力；但如果迷恋权力，那无论职位高低，在一个健康的企业文化之下，结局一定是出局。

我见过许多职场人，尤其是职场新人倒在这个贼的面前，给了他们责任与权力之后他们就开始排位，接着画地为牢，把职责描述得清清楚楚，将势力范围变成禁地，不许任何人踏入。有的甚至不仅是不许踏入，更是看谁走近都觉得可疑，觉得好像都是奔着夺取自己权力来的。

职场新人如果刚刚有了点权力就得意忘形，觉得自己了不起，那就会在不知不觉中滋生出这样的"心中贼"。

｜ **忘记不可能，总会有办法** ｜

管理者与普通员工的思维差别

　　总而言之，丢掉负面思维的核心点就是忘记"不可能"，开始"想办法"。刘强东有一个被多次引用的故事，他曾要求一项业务的业绩在新一年中达到200%的增长，负责人说有难度，并开始陈述理由。刘强东立马打断他："对不起，你没听懂我的问题，我问的是怎么增长，不是问怎么不能增长。"后来，管理层例会上再也没有见到此负责人的身影。

　　大家可能觉得这个故事说明刘强东有个性、讲执行。其实，那根本就不是个性问题，而是一个普遍常识。没有一个管理者愿意在员工连一个办法都不想的情况下先听一大堆推托的理由，每当管理者听到"这不可能！""那做不了！"之类的话，都会怒火中烧。当然站在普通员工的角度，他们同样很郁闷，觉得上级强人所难：就这么点资源、这么点待遇，你还想让我一步登天吗？！让我们来看看问题出在哪里。

　　第一，责任不同。管理者对团队负有最大的责任，拿出理想的结果才是硬道理，所以他们常想的是如何把整个团队、内外部甚至个人资源调动起来解决问题，而不是仅停留在能否解决问题的层面；普通员工则一般只愿对自己职责范围内的事情负责，一旦在自己职责范围外，就往往觉得与己无关，是别人的事情。

第二，决心不同。合格的管理者想的是一定要把问题在自己这里解决掉，不推托、不上报；普通员工想的是上级是不是真下了决心去布置工作，如果只是说说，自己还有一堆日常工作要处理，为什么要在这项工作上投入这么大的精力？

第三，资源和能力不同。管理者在许多方面的能力要高于普通员工，尤其高于职场新人，同时在资源上也有优势，因此一些工作在普通员工看来很难完成，但从管理者的角度看，则并没有那么难；另外，普通员工很多时候担心是否能够得到足够的支持和是否能在这项工作上达到上级要求。

优秀员工这么想

以上三点讲完，似乎仁者见仁、智者见智，但真实世界其实不然。一个合格员工以完成上级交办的任务为标准，但一个优秀员工能给机构"喔"的惊喜，这个"喔"代表超出要求和预期。

第一，作为员工，只要上级的要求在职责范围内，就别觉得是为难自己，应去想办法实现目标。员工可以说"做不到"，但必须是在尽心尽力之后，而不是工作刚刚布置完，用脑子想了想，手指没动、毫无行动就对上级说不行。

另外，机构和部门在发展中总会产生一些新责任，天天拿着《职务说明书》告诉上级，这项工作没在规定内容中，那项新职责划给谁都行，反正不能划给我，等到提职加薪时有什么资格与愿意承担更多责任和工作的人比呢？如果比得过，建议优秀员工赶快辞职，因为这家机构的机构文化有问题，离倒闭也不远了！

第二，优秀员工会在自己掌握的基础信息之上主动搜集来自机构上层、其他部门和周边同事的信息，少听小道新闻，发挥聪明才智去主动发现问题和解决问题。

不要说上级没有传达来自上层乃至顶层的信息，它们就在那里，需要我们去发现。机构负责人在各种内外部媒体上的发言里藏着价值观和重点工作等方向性内容，各种文件和规章制度里隐含着管理理念和资源使用方法等实操规律，《职务说明书》中明确了汇报线路和相应资源，尚未做出规定的空白处往往代表着有各种可能。

职场人还要时刻记得，别把自己简单定位为接受和执行指令的人，这种定位等于把自己放在跟计算机竞争的位置上。我们运算和操作的速度比不过计算机，每月工资却能让机构买一台甚至多台计算机，尤其在人工智能快速发展的情况下，更是如此。

所以我们要学会给上级当参谋、提建议，要注意资源在哪里，是在部门外还是部门内，是在上级那里还是在其他同事那里。任何上级都喜欢能替自己出谋划策的员工，都喜欢想办法利用团队力量把事情做成的员工，这样的员工越多越好。

第三，作为员工，我们要知道需要全力以赴的时刻，往往是展示和提升自己才能的机会，时不我待，待则时机转瞬即逝。

为什么有人会每次都强那么一点点、快那么一小步，最终在被任用时快一大步？原因很简单，就是他比我们早一点下决心承担责任，去挑战自己的天花板。决心下多了，就变成了信心；天花板触碰多了，就变成了能力；而信心和能力增强了，就能够下更大的决心，从而整个人进入良性循环、螺旋向上的路径。

部门内部选拔人才，并不代表人与人之间相差太多，而是说明比较之下，更能下决心去解决问题的人一定更容易获得重用。

上级不会相信不敢于和不善于下决心的人能够带好团队。

第四，作为员工，在管理者提出目标时，要学会申请合理资源，不要一听说要一个人把 200 斤的物资送到会议现场，立刻想象出柔弱的躯体负重前行的悲惨镜头，还自带《二泉映月》的配音，觉得自己好可怜，上级好狠心。

要学会寻找资源，比如利用去会议现场的同事的车；如果没有，就申请公车，没有公车就申请打车；这些都申请不到，就申请分多次送过去；这也不行，就申请让同事帮忙一起带过去；以上办法都不被批准，又舍不得放弃这份工作，或者机构在创业阶段，条件不好，就别纠结，自己掏钱打车送过去，总有办法解决。

我在做第一份工作时，前两个多月所有应届毕业生都被安排培训和劳动。有一次去生产车间清理杂草，杂草清理完，没找到可以拉走杂草的车辆。大家发现旁边有一辆卡车，司机不在车上，我们就把杂草装进车厢，然后把卡车推到倾倒点。是的，大家没有看错，几十个年轻人喊着号子，把十几吨的卡车推到倾倒点，把杂草卸下来。这个经历教会我，即便缺少资源，任务又超出能力范围，只要尽心尽力，也会有看上去异想天开的办法可以解决问题。

总之，优秀员工会不断且主动承担更多责任，寻找更多资源，在不断挑战自己的过程中提升信心、能力、价值和不可替代性。

优秀员工这么做

我在央企时有一位同事，大学专业是会计电算化，因为打字快、能吃苦，被调入人事处做基础性人事工作，管管社保、打打下手。

由于负责社保，需要经常与工资管理接触，他自告奋勇要开发一套工资计算系统。这个想法被信息技术管理中心的同事听说了，个个掩口而笑，觉得这个小伙子初出茅庐、大言不惭；我当时也觉得他有点"狗拿耗子——多管闲事"，毕竟他每天虽然不是忙得不可开交，但也并不是无事可做。

唯有人事处处长鼓励他，时不时跑到他的背后，边看他在计算机中输入自己看不懂的代码，边拍着他的肩膀说："小伙子，好好干！"

这位同事为了把这套系统做出来，天天晚上加班，累了甚至就直接睡在办公室里。3 个月后，居然真让他把这套系统做出来了！信息技术管理中心的专家过来一看，大吃一惊：用这种初级的计算机语言也可以完成这么复杂的算法？没想到！

之后他又用了 3 个月修修改改，半年后机构开始使用他开发的系统做工资计算。4000 多人、60 多个分支的机构原来做一次工资计算需要每个分支单位有一个专门人员干上一两周，把工资表报上来之后还要两个人加班核对、审批，即便如此也不能保证不出错。工资系统上线后，一个分支单位只需要一个人用两天时间把相关信息输入计算机，之后拿着软盘到人事处，拷入主系统，进行数据输入（几十年前是这样的，现在的很多年轻人已经不知道什么是软盘了），一两分钟就能完成。

验算也被简化了。将所有的数据输入完成后，计算机只需要运算几小时，就能把 4000 多人的工资准确无误地呈现出来，包括各分支单位汇总和机构总汇总，全部准确无误。后来这套系统被上级总公司采用，并进行了推广；同时为了推广方便，也把他提任到总公司人事部门。

对这位同事来说，开发这套系统并不是他的工作职责，但优秀员工永远不会只看《职务说明书》。在他眼里，把交办的事情甚至部门的事情做好才是终极结果。对人事处处长来说，下属没有开发这套系统他不会被批评；开发出来了，他也不会得到嘉奖，毕竟不是他开发的。但好的管理者知道，让优秀员工尽可能发挥优势才是让他们发展、让部门成功的重要途径。

小工具

负面思维丢弃流程

1. 我对自己的评价有哪些方面用了负面词汇？

2. 哪些负面词汇只是自我感受，哪些是真的低于平均水平？

3. 低于平均水平中的哪些方面是有必要改变的？哪些没有必要？

4. 改变那些方面的目的是什么？

5. 将这些方面制作成四象限，确认哪个方面是重要且紧急的。

6. 为什么那个方面是重要且紧急的？

7. 我为什么会对实现"改变一个方面"这一目标感到满意？

8. 我准备怎样做才能实现这一目标？以拓深、拓宽专业知识面为例，可以多读书和资料，多与业内专家接触，多与同事进行探讨，撰写专业文章等。

9. 我实现这一目标的具体步骤是什么？以拓深、拓宽专业知识面为例，读什么样的书？先读什么，后读什么？以什么样的方式读，泛读还是精读？以什么样的速度读？一年读多少本书？如何接触到行业内部专家，通过邮件、行业会议还是通过他人介绍？如何与专家建立联系，请教问题、找到共同爱好还是找到共同的朋友？如何让专家给予点拨？怎么与同事建立起探讨专业的习惯？如何让同事愿意将专业知识分享给自己？形成怎样的积累才可以完成一次专业分享，是通过演讲还是文章分享？文章撰写是在内部分享还是发给专业平台？

第五章
树立正面思维

| 除了工资，还要更多 |

只有工资是不够的

每到年底，我都要求员工说明经过一年的成长，在新年度准备为机构和团队做出什么新贡献，并给打算做出新贡献并且进行了现实规划的人按照规定比例涨工资。

曾经有员工讲不出能给团队做出什么新贡献，对我说："少给我涨工资或不给我涨工资可以，给多少工资，就干多少工作。"他说这话的时候理直气壮。我认为，有这种想法的员工应该说从来没有看得起自己，觉得自己的工作和价值只值机构给出的工资，丝毫没有想到完全可以通过更出色的表现赢得更好的待遇。

机构不会为任何员工的成长涨工资，只会为成长后工作做得更多、更好涨工资。凡是仅把工作定位于赚取工资的人，最终都不会在机构里待很久。如果员工没有成长，那么机构的飞速发展一定会把该员工远远甩在后面；如果有了成长而没有贡献，那么机构培养员工的目的何在？**一个看不起自己的人同样得不到其他人的尊重，让自己贡献出更多价值是一个职场人的基本素养之一。**

在我问及员工一年的成长时，我最终都会问他们一个问题："这一年你最大的收获是什么？"我得到过许多答案，有些我满意，有些我不满意，后来我总结了一下，能够量化的、有确切证明的收获，都能让我满意；而模糊的、无法量化的回答我都不满意。

工作就是为了有收获，除了工资（这个当然很重要，必须包括在工作收获当中），我们还要收获一些别的东西，这些东西包括知识的提升、能力的增长、经验的丰富、自我的成长，以及许许多多让自己能够获益的东西。**工作是一个人把最多的清醒时间都投入某件事情，只想着赚了多少工资并不明智，聪明人一定要收获更多。**

知道自己不知道

知识的提升：进入一个机构就是进入了一个行业，那么这个行业所应具备的独特行业知识，就一定要知道。

比方说当年我在石油化工行业，从生产到技术，从供应到销售，从外部关系到内部管理都要了解；而在培训行业，从产品到招生，从教学到服务，也都应该学习。不一定能把所有岗位都轮一遍，但没吃过猪肉，至少要去看看猪跑。拿出国语言考试培训来讲，要知道这个领域的产业链条和相关知识，就要了解出国考试的类别、特点、难度、针对人群，知道一定的留学知识和海外院校大体情况。

新人在某个机构工作就要知道这个机构的历史、架构和竞争对手，以及区别化特征；在某个部门工作就要知道这个部门在机构中的作用、责任、岗位设置和重点工作，还有如何与其他部门协作以及如何实现内部沟通和运转；在某个岗位工作就要知道这个岗位的职责、内容、方法、流程，以及完成这些所需要的专业知识。

大家对照一下，是不是有一种不知道自己其实什么也不知道的感觉?

我见过一个自诩为天才的年轻人，特点是对自己钦佩、崇拜得不行，觉得自己进入任何行业都能马上脱颖而出。

然而他每进入一个行业，都是同一种模式：以新人的身份迅速做出一些名堂，然后就开始利用各种方式讥讽本机构其他同事没本事，接着直接将自己对标行业精英，虽然精英都没听说过他，再接着就是不久之后落荒而逃。

以如此方式反复循环，以至于他被别人称为"成功的失败者"。这个称呼有两层含义：一是进入任何行业都先成功，最终以失败告终；二是每次都很"成功地"失败了。

我问他原因，他很不开心地告诉我，之前所接触的行业都被一群腐朽、堕落的"老家伙"把持了，还没等他干事情，先让他学东西，而且还给他立了一堆行业和企业的规矩；但他认为自己掌握的知识足以超越这些所谓的行业常识和技术知识，他的存在就是为了破除这些规矩，从而在人生和职场不断弯道超车。

"总而言之，就是嫉妒！"他言之凿凿，我也无话可说，因为说了，也不过是在他心目中嫉贤妒能的"老家伙"名单上再增加一个名字。

知道自己不够强

再说一下能力的增长：一个人在机构的职业发展，与他本人和所在机构的前进速度密切相关。

就好像与一列火车赛跑，要么比它更快，从而在社会这个坐标系上获得发挥能力和想象力的空间；要么与它同速，赢得更快的进步。如果比它的前进速度慢，你就可能一脚踏空，被这列火车甩下是迟早的事情。

当更高的目标摆在面前时，你就有了一个证明自己速度更快的机会。**客户的困难给了机构机会，机构的困难给了团队机会，团队的困难给了员工机会**。这些机会使团队和员工提升了战胜困难、解决问题的能力，这些能力别人拿不走，也复制不了，它们就是团队和员工的核心竞争力。大家对照一下，是不是认识到自己其实有意无意中放弃、浪费甚至拒绝了许多机会？

新航道成立之初，我只负责总裁办公室和图书系统的人力资源工作。开始融资时，因为我的写作能力获得了认可，被委派撰写和修改商业计划书，我天天狂写不止，改了几十版，后来连我夫人都纳闷："怎么你们的商业计划书总是改不完呢？"

全集团人力资源工作都交了过来，同时我还进入预算委员会，又负责薪酬委员会的日常工作。

之后是一个人代表机构与客户谈商业合作，对方要求每谈两小时休息半小时，这半小时他们在休息室内复盘、吃水果，我一个人在会议室内整理下步思路，同时集中回复谈判期间收到的日常工作邮件。

后来我又兼管行政后勤工作，接手后就遇到了经营场地装修，要一点一滴从头学起。从前连自己家的装修都没管过，现在天天待在工地里各种协调和赶工。我也曾经为了保证白天顺利上课，凌晨3点还在校区内拉桌椅、摆桌椅。

再后来是谈机构收购，从资质审核，到议价签约，再到接手后的收尾工作。

当机构发展到拥有上百家分公司和子公司之后，我又要结合经济形势、行业趋势、各级政府政策、业务发展形势参与集团层面的宏观决策。

机构飞速发展逼得我不断学习、不断前进，虽然一路跌跌撞撞，但幸好目前尚未掉队，同时也把我逼出了一些进步。

知道自己经历少

丰富的经验从哪里来？从各种失误中来。任何成功机构的成长过程中都有过失误，但正是对这些失误的修正让机构、团队和员工找到了正确的道路。

一个永远不失误的员工在任何机构都不是好员工，说明他从来都只在别人画的圈子里打转，生怕迈出去碰到吃人的妖怪，却没有想过，或许自己跳出圈后就是那个能够上天入地的孙悟空。

只要我们能够用心做事、用脑想事，谋定而后动，就算结果不尽如人意，从中得到的成长与体验也会是难以言表、受用终生的。大家对照一下，自己是不是太四平八稳，把不出错当成工作的终极目标了？

只要干活就必然会犯错，往往干得越多，犯错的概率就越大；但我们不能因为怕感冒就冬天不洗澡，怕抽筋就拒绝运动。而且随着犯的错误变多，我们会长记性、有经验，才能举一反三，不让类似的错误再犯。

尽量不犯低级错误，少犯重大错误，缩短试错时间，才能尽早为个人发展找出正确道路。成长路上不怕犯错误，真正可悲的是为了不犯错误而不干事，真正可怕的是犯了错误死不承认，下次接着犯。

小结

掌握了知识，具备了能力，获得了经验，便有了成长，有了个人价值的提升。机构的事业主要是靠人，只有每个人都有成长，机构才能成长；每个人都能更快地成长，机构才能比同行的前进速度更快。反过来，**作为一名员工，参与驾驶的交通工具越高级，能力就越强！坐在马车上，就是车夫；坐在汽车上，就是司机；坐在飞机上，就是飞行员**。职场就是这么简单。

认为自己无所不知，见到困难就躲，要求自己不犯任何错误，这些本身就是负面思维。把不知道的事情作为增长知识的机会，把遇到困难作为提升自己能力的开端，把错误作为积累经验的课堂，这些就是正面思维。同样一件事情，如果能够始终使用正面思维来对待，就会对职业发展产生良好的影响。

| 吃过的亏，价值连城 |

别人算得精，我做我自己

有一位同事刚刚加入新航道时做市场专员，前辈布置任务，给自己分了 A 学校，让同事负责 B 学校。之后，前辈语重心长地告诉他："B 学校近，过了十字路口，再走 200 米就到了；A 学校远，我来！"没几天，这位同事发现 B 学校确实如前辈所讲，很近，但 A 学校更是近到难以想象，就在办公楼后面 20 米远处。

表面上看前辈算盘拨得很精，利用同事刚来不明情况，既让自己得了便利位置，又让对方心存感激；表面上看同事很傻，一番感谢之后去了监管严格的 B 学校，经常被保安追得拎着传单一路狂奔。

把时间轴稍稍往后延伸两三天，这个信息不对称就被打破了。同事在楼下买了瓶水后就知道这位前辈是那种只为自己算计的人，用这么低的成本就能够了解一个人，到底是谁亏谁赚了呢？

再把时间轴向后延伸半年，那位前辈因为离工作地点很近，每次只拿很少的传单去学校门口发，反正距离近，不够再回来取。所以每次部门的人问需要领多少传单，他都随便说一个数。数量少了，发完正好可以休息；数量多了，没发完，他也不管，仍然准点下班，剩下的直接扔到校门口的垃圾箱里，反正谁也辨认不出哪张传单是故意扔掉的，哪张传单是清洁工清扫的。而那位同事因为距离更远一点，就不得不在提高效率方面用心思，很快就知道了一次拿多少传单去发正合适，怎么发传单效果最好，传单上设计哪些内容更容易让学生接受，发多少传单会带来多少学生参加活动，参加活动的学生中有几个能报名。

时间轴再向后延伸一年，前辈因为 A 学校的业绩一直没有上来，收入少，觉得没有机会，牢骚满腹地辞职了；那位同事则因为经验越来越丰富，被提升到更重要的岗位，业务范围甚至拓展到了北京之外的几个省。

时间轴延续到几年之后，无人知晓那位前辈现在去了哪里、在干什么，而那位同事则成为一名校长，管理着几百人的团队。

入职第一亏，让同事受益匪浅，不仅让他走到现在这个职位，还会让他走得更远。

当别人傻才是真傻

现实生活中，许多人一有机会就会不由自主地效仿那个前辈，天天算盘打得精，利益一丝不让，工作能推则推；吃亏你来，便宜我上。

这种人在一个关注工作的群体里往往一开始还真会比较得意，因为大家都在忙着完成自己的任务，他看起来也是冲劲十足，不过他的这种冲劲只是为了抢到别人前面去，看看前方的路上有没有便宜可占。

一丁点亏都不愿意吃的人，不会一条道跑到底。但他不知道任何一条路上有阳光明媚，必有暴风骤雨；有登顶临风，就会有崇山峻岭。而他远远看见乌云就会大惊失色，放慢脚步，继而质疑这条道路选得对不对，为什么上级没有选一条永远艳阳高照的道路。看见山路崎岖，他就会停下脚步，摒弃大部队，转到坦途上去，混入另一支队伍，继续前进，直到这支队伍再遇到一个他很难接受的危险或者障碍。

为什么许多人都知道只有向上的路才可能通往山顶，但仍然会选择又平又直、不用费力、不用吃亏却只能在山脚下打转的道路？原因很简单，这些人眼里只有现在，时间和空间永远是最近的那一点。在最近的这个点上，吃亏了就是世界末日，每天占一点便宜就觉得可以聚小便宜为大成功。

把这一切都放在一个更长的时间轴上和更广阔的背景之下，那点小小便宜显得更可笑，通过吃亏所提升的选择和判断能力，所获得的经验和常识，所开拓的视野和心态，所带来的对职场和人生的好处价值连城、无法衡量。

凡事不吃亏，其实是真吃亏

现实生活中还有一种人，在经济利益上吃点亏无所谓，但在心性感情上则受不得一点委屈，一点亏都不肯吃，这就是传说中的"任性"了。

在这种人心目中自己的想法是世界上唯一重要的，其他人想法都无关紧要。只要没有按照自己的想法来做事，就是大逆不道，就是不知好歹，好像这个世界只有他的道理才是正确道理，只有他的标准才是唯一标准。他对自己决定的事情决不妥协、决不让步。

如果仅仅事关本人，为了自己的梦想、原则、目标，像孔子说的那样"虽千万人，吾往矣"，这种态度可以说是一种勇气、一种坚持、一种精神。但假如需要让机构或者别人付出代价来配合，那就真是把这个世界当成自己家了。

如果说上面一种情况是眼界、心胸上的欠缺，那下面要讲的情况就是虽然看得远一些，却完全没有看明白这个世界的多样性，没有发现这个世界上不是只有某一类选择。

我是职场新人时，错把傲气当成了傲骨，不把一般人放在眼里，工作上有理在手寸步不让，还美其名曰："你要是讲理讲得过我，我就心服口服！"虽然上级不断提醒我要在工作中求同存异，但我仍然觉得自己有理走遍天下。

后来上级组织部门来考核，向某位上级了解我的情况，他回答："小伙子本质不错，人也聪明，就是有一点，不虚心，喜欢争辩，很难接受别人的意见。"

后来，这话辗转传到我的耳朵里。我当时勃然大怒，觉得对方在背后诋毁我；但是过些日子反思自省，发现其实是自己情商太低。

《史记》中讲"反听之谓聪，内视之谓明，自胜之谓强"。如果凡事只认为自己正确，只认同自己的道理，结果当然是越来越觉得自己有理。而如果能够承认这个世界具有多样性，承认许多人与自己的想法可以完全不同，就能够承认其他人也有自己的道理，毕竟大家都想把事情做好，不想无理取闹。想通了这个，就可以博采众长，最终大家一起按照一个大多数人都讲得通的道理，走上一条通往成功的道路。

想明白之后，我突然发现以前认为的吃亏其实是占了大便宜，因为只有吃亏才能获得更多人的建议，才能汲取更多人的智慧，才能让自己依靠更多人的思想得到成长。在心性上的这种吃亏，其实是把已装满心灵的所谓自尊、所谓正确、所谓权威清理出去，好把更多的知识、经验、才能放进来，让自己的胸怀开阔如川，任江河涌入。

只要建立一个更长的时间轴和更大的空间结构，就会发现在工作上吃亏是性价比最高的成长方式。在吃亏中你会深入思考、磨砺技能、自我提升，最终成就一个强大的自己，成为"外王"。

只要对世界的多样性有充分认识和培养高于常人的情商，就会发现在心性上吃亏是促进成长的最优方式。在吃亏中你会陶冶心性、开阔胸怀、谦虚自省，最终成就一个智慧的自己，此为"内圣"。

内圣外王，则天下无敌！

｜ 吃亏之后，创造价值 ｜

由亏转福有技术

上文讲的内容总结下来，就是一句老话："吃亏是福。"许多刚刚进入职场的年轻人一如当年的我，开始都很难理解这句话的含义。真正理解之时，通常是在职场历练多年之后。

当然也有人终其一生也未必能理解和接受，因为这句话所代表的含义必须在一个很长的时间轴和很广阔的背景之下才能成立。现实生活中我们身边有许多人通常很着急，付出了马上就要回报，只盯着眼前那么点利益，所以无论背景如何延展开阔，这些人的胸怀永远只能够容纳很小的那点便宜和亏欠，终其一生也不可能理解"吃亏是福"的含义，反倒把它当作 PUA①。

但认可了"吃亏是福"，明白了吃亏才能成长，就一定能得到成长吗？其实未必！为何？原因很简单，将吃亏转变为成长是有技术含量的，这也就是为什么有人吃亏一辈子，仍然毫无长进——他们没有把吃亏转变为成长。吃亏固然是成长的好机会，但仅仅把亏吃下去，而没有领悟其中道理和从中得到的经验教训，

---

① PUA，互联网流行用语，泛指通过贬低对方来体现自身价值的情感操纵手段。

亏就白吃了。要在吃亏之后有所成长，至少要做到以下三点。

不要为打翻的蛋糕哭泣

第一，要坦然面对吃亏。许多人吃亏之后，往往不愿面对，呼天抢地、痛不欲生，好像全世界都亏待了自己，所有人都应该向自己施以关怀。

我认识一个人，几十年前在职业方向选择上因短视出现失误，直到现在每次跟别人聊天，他都能想办法把话题拉到当时前途如何光明，选择如何无奈，做了正确选择的同事如今如何风光卜面；好像当时如果他选择正确，这个风光一定会属于他似的。

时间长了，每当他对其他人讲起这个话题，在一旁的他的家人都会感到非常尴尬。几十年前的一个错误决定，至今仍在不断重复、后悔，本身就是一件蠢事。相信即便他当时做出正确决定，没有吃这个亏，也一定会在另一个亏上停步不前、徘徊不去，向吃过的亏吐口水、流眼泪、要同情。

他没有注意到其他吃了同样亏的人在认真观察、反复思考、做出标记之后，已经匆匆上路，向着远方而去。大家要记得，吃亏只是成长的阶梯，不是疗养的病房。

找到自己的原因

第二，要想清楚为什么会吃亏，找到吃亏的根本原因。大多数人吃亏其实都是自主行为，主要源于自己在某些方面有缺点或者弱点，要么是想得不够周全，要么是没有想通道理，要么是缺乏知识、技能或者经验。既然大多数亏都是吃在自己的欠缺上，那么通过吃亏，发现欠缺在哪里，找到这个欠缺，就是找到了根本原因。

比如，许多人中了骗子的计，损失了财产，往往在吃亏之后，总结原因，常常归结于骗子太坏、骗术太精；丝毫没有想到，根源可能是自己的贪念，或者是在某方面疏于调查和判断。

曾经有朋友让我帮他去买某著名医院生产的治疗仪，我问过那个医院的医生，医院根本没有生产过这种设备，市面上的是假货。我回复朋友后，他仍然三番五次地要买，搞得我非常无奈。

职场中许多人以为吃亏是自己不够精明，其实职场成功恰恰靠的不是精明，就好像长跑靠的不只是转弯技术一样。职场中要的是总结教训、举一反三的思维能力。为什么许多职场人，甚至达到一定层次的职业经理人都会犯低级错误或者反复犯同样的错误，就是没有真正想明白吃亏的原因在哪里。

比如，被竞争对手抢得先机，如果给自己的理由永远是对方比我们资金多、比我们品牌知名度高、比我们敢花钱，那就等于说只有所在机构更有钱、品牌更有知名度、更敢花钱，才能在竞争中取胜。真如此，机构要你何用？你的个人价值体现在哪里？一旦相信这种原因，下次失败的一定还是你，甚至由于你已经先在心理上失败了，现实情况更会一败涂地。

应该想的是，对方哪个创意比我们强？这个创意有哪些地方值得学习？我们如何在工作中想出这样的创意？对方哪个细节比我们做得更好？这个细节能给客户带来什么体验？我们怎样能把这个细节做得更好？

不要用抬高让我们吃亏的人的本领或者问题的难度，来显示自己其实也不错；不要用"老虎也有打盹的时候"说服自己这只是一次小疏忽，以为绝不会有下次。在这种心态下，永远无法找到吃亏的根本原因，因为原因都在别人那里，自己永远正确、完美，只是有点可以忽略不计的小毛病。有这种想法的人，刚刚吃过的亏很可能已经出现在前进的道路上，他们下次还是会义无反顾、大踏步地踩上去。

不要再次掉入同一个坑

第三，想办法提升自己来避免再次吃亏。找到原因，就要采取行动，无论是人生还是职场，只要能够发现欠缺并采取行动，任何事情都来得及。

春秋时晋平公向师旷问道："我已经是 70 岁的人了，想要学习，恐怕太晚了吧？"师旷看了看外面的天色，说："太晚了？那为什么不赶快把烛①点起来？"晋平公大悟，既然时不我待，何不抓紧时间？任何时候发现欠缺并采取行动都不会晚，生有涯，知无涯，只要去想，人生总有进步时。

发现创意和细节不如别人，找到了欠缺原因，就要在欠缺上下功夫。

所见不广而创意不多，就去向书本、同事、竞争对手、其他行业，甚至其他国家学习。

资金不够无法落实同样的创意，就去找更低价的实现手段、操作方式，甚至"借鸡生蛋"。

没有站在客户的角度思考问题，缺失重要细节，就去做客户调查或者换位思考。

---

① 春秋战国时期，人们对照明器具的统称为"烛"，此处极有可能是指火炬而不是蜡烛。——编者注

用心不够、细节不到位，就去找一个挑剔的客户，请他提意见，哪怕被对方羞辱，得益的也是你。

另外，如果竞争对手下次仍然采用这个创意，该如何应对？在对方的基础上还能有什么更好的创意和细节？同样的创意和细节能不能花更少的钱？只要用心想了，就会发现机会和可能实在是太多了。

职场人还要记得，工作并不是一个人的战斗，而是一个团队的合作。发现自己在某方面有所欠缺，并且不可能在短时间内解决，就想办法找到能弥补欠缺的队友。那个队友就是你的贵人，一定要找到他。找到后，向他学习，鼓励他在你欠缺的地方发挥作用，因此而激发的成长就不仅属于你个人，也属于那个同事，更属于团队。

当然，将吃亏转变为成长的办法还有很多，但最关键的还是要有对自己一直在成长的信心、一直向前且毫不畏惧的决心和不怕吃亏且容人容事的宽心。找到这三心，才能坚持以上三点，最终不断在吃亏中提升自己的价值和人生的质量。

如何举一反三

大学刚毕业时，我做技术工作，一天，同组几个同事之间开玩笑，我也跟着说笑了两句。

第二天早上我被上级叫到办公室狠批了一顿，说一个年长同事投诉我对老同志不尊重，同时在员工中散布有关这个老同志的谣言，上级的最终结论上升到了对我人品的质疑。

听完我就蒙了，不知道发生了什么事情。最终上级问我，昨天是不是跟大家一起开老同志的玩笑了，我才明白自己被扣了一顶大帽子，当时非常生气，强烈要求上级彻查。

向其他在场人员了解完情况后，上级把我叫进办公室，语重心长地对我说："小伙子，今后说话要注意，同样一个玩笑，其他同事可以跟老同志开，那是因为他们长期相处、非常熟悉，有感情基础；你不一样，刚刚加入小组，就跟着大家一起笑，在老同志眼里就是对他不尊重。"

当时我心里特别不服气，凭什么别人开玩笑没事，我在一旁笑笑都有问题，另外说我造谣这件事还没给一个说法呢。这件事的最终结果是上级收回结论和批评，而告状的人见到我后，脸红一阵、白一阵的，之后这件事成了大家讲他小气的又一个笑话，我则吃了一个闷亏。但这件事后来给了我三个反思和五个影响久远的改变。

反思一：相互熟悉的人知道彼此开玩笑的分寸，所以他们之间不会觉得不尊重，反倒会认为开玩笑是亲昵的表现。我与他们的关系并不密切，也在旁边看笑话，而我的笑可能让那个被大家开玩笑的人误会瞧不起他。

改变一：从那以后，对不清楚发生了什么和不知道个中关系的事情，我不会自作聪明地插嘴、插手，以免引起误会，甚至好心办坏事。

反思二：当天玩笑可能开得有点过火，老同事面子上挂不住，但又不好让熟悉的人觉得自己没风度，就把一肚子气撒到了我这个新员工身上。

改变二：在有长者和尊者在的情况下，不开与他们有关的玩笑。如果其他人在开他们的玩笑，我会借机离开或者装作没注意到，以免当事人难堪。

改变三：从那时开始，我永远记得自己曾经是一个迷茫、不安的职场新人，每当面对职场新人，总提醒自己要保持宽容的态度，不要太敏感，而且能多帮一点就多帮一点。

改变四：从此之后，我不会因为个人关系的好坏就轻易给人下结论，不让别人代替自己做判断，要下结论必须有多方验证的事实为依据。

反思三：上级会更相信谁？一定是优先相信与自己合作时间长的人，但信任是把双刃剑，别人给予的信任越多，越不能跨越雷地。一旦被认为别有用心、滥用信任，最终对方不但会把信任收回，更是凡事都会加上怀疑。

改变五：我之前觉得人与人之间的相互信任都是自然而然的事情，经过这件事后我开始慎重对待信任，珍惜别人的信任，把信任视为一种责任，而非权利，因此信任只可培养，不可轻用。

有此反思和改变，一点点小委屈算得了什么？同事用这种方式给我上了一课，让我初入职场就深切明白人与人之间的关系要把握分寸，做人要谨言慎行，心底无私未必别人就能够理解和接受，辨事要兼听则明，不能相信一面之词。这些经验是花多少钱都买不来的，这种深刻理解也并非课堂上听讲所能领悟的。

小工具

正面思维建立流程

1. 我对自己的评价有哪些方面使用了正面词汇？

2. 哪些方面可以进一步提升，并成为超越其他人的特长？

3. 提升的目的是什么？

4. 将这些方面制作成四象限，确认哪个方面的提升是重要且紧急的。

5. 为什么那个方面是重要且紧急的?

6. 实现"提升重要且紧急的方面"这一目标就满意了吗?

7. 我为什么会对实现这一目标满意?

8. 我准备怎样做才能实现这一目标?

9. 我通过哪些具体步骤实现这一目标?

第六章
改造学生思维

| 赠君宝剑，七柄焰焰 |

对职场新人来讲，能够从事自己喜欢的工作绝对是一件非常幸运的事情，也意味着成功的开始。喜欢的工作会让我们自觉、自愿地花更多时间研究所做的事情，为此加班、做额外的工作也丝毫不会觉得是负担，反而会觉得是对自己的奖励。

找到自己喜欢的工作虽然幸运，但也并不意味着付出比其他人少的努力就可以获得更多成功，因为即便是摆在眼前的资源，也是需要主动挖掘的。好比即使生活在金山上，如果不把脚下覆盖在金子上的那层土挖开，也永远没有见到财富的机会。

要想获得这些财富，要想挖开那层土，我在此赠送给职场新人七柄宝剑。

第一柄剑：从事务性思维向管理性思维过渡。

管理性思维并不只是管理人员的专利，具备它绝对是成为优秀者的必要条件。在机构有长期计划的人，都要培养自己的管理性思维。有了它，无论在什么岗位都会迅速成长，并有所成就。

　　管理性思维并不是一个多复杂的东西，掌握并时刻把握三个要素，就可以拥有它：应该做什么、应该做的事情中什么是最重要的、做这件最重要事情的最佳时机是什么时候。这三个要素才是管理层面的思维，至于怎么做是技术层面的事情，可以通过学习和训练掌握。

　　能否抓住这三个要素，是能否具备管理性思维的关键，无论在哪个岗位，都是如此。举例来说，对一个员工而言，"应该做的"是给客户提供最好的服务和产品；"应该做的事情中最重要的"是让客户认识到服务和产品的价值，并能愉快地接受；"做这件最重要事情的最佳时机"是产品的现场呈现和服务的全部过程。一个员工如果能时时刻刻主动想起这些，就是一个有着管理性思维的员工，否则就是一个只有事务性思维的员工。

　　如果一个人只是把工作当成众多赚钱手段之一，当作一件单纯的事情来做，看不到它对于机构、客户和自己的价值，那会越做越做不下去，越做越没有乐趣，越做越没有激情，越做越不想做。真到了那一天，工作就是囚笼，而这个人到哪里都无法成为一个优秀的职场人。只有拥有管理性思维，职场新人才会想到要拿起工具去挖脚下的土。

　　曾经有一个新人特别勤奋，每天加班到很晚，晚到我即便八九点下班都不好意思经过他身边，因为感觉自己还不够努力。

　　但年底绩效评估，部门主管只给了他很低的分数，按照这个标准不要说评选优秀员工，更不要说涨工资，恐怕连职位都保不住。我特别震惊，把主管找来，想问个究竟。

　　"还给他涨工资？"主管生气地说，"每次给他布置工作，他都告诉我自己特别忙，也不知道在忙什么，反正就是无法按时交付我需要的成果，一件别人需要干三天的工作，他能干两周，干完后总是有点低级小错误，低级到你怀疑他是否用心，但又小到觉得批评他是小题大做。如果不是因为他不停地加班做事，搞得我不好意思开除他，他早就不在这里了！"

由此可见，这个人既没有给出合格的结果，也没有让上级看到自己的价值，更没有把工作过程给上级一个完整、合理的呈现，他的那些加班又有什么用呢？反倒是浪费了机构的资源。

可能有人会说，这些结果、价值和呈现为什么不是上级自己去发现？有这种想法的人忘记了一点：机构给员工付工资就是为了直接拿到结果和获得价值，而不是为了辛辛苦苦拿着放大镜在员工身上找结果和价值。如果工作的难度超乎想象导致无法给出结果，那把难点呈现出来，也是员工的义务，否则加班又怎样？加再多的班，也是无用功。

第二柄剑：适应人际环境及变化。

要想在机构中有所建树，就要无论面对什么样的上级和同事，都能及时调整自己，并加强与各方面的沟通。

每个上级和同事都是独一无二的，都有自己的风格和个性，但大家的目标相同，就是让机构快速成长，成长得越来越好。在这个目标之下，可以求同存异。

在一个快速发展的机构，外部引进的职业经理人会越来越多，每个人的经历和性格都不同。这些人与之前的上级或同事有的相似，有的不同，有的甚至反差巨大，会因此带来不同的管理风格和许多新理念。职场人会有新鲜感，同时也会感到不适应。只有能够适应不同风格，才能保证我们在金山上的任何季节、任何情况之下，都能适应当时的环境，完成自己的挖掘工作。

　　我曾经委托猎头公司为机构找有某种特殊工作经历的人，最终在几个候选人中筛选出一个小伙子，但这个新人入职不久就提出了辞职。我特别关注这件事，毕竟他是通过猎头引进，要开辟特定业务的。为此我专门找他聊了一下，问他为什么觉得工作不开心。

　　他指出一起工作的所有人都有这样那样的问题，并举出了实例。听他描述完，我觉得他说得很有道理，这些人身上确实或多或少存在他指出的问题。不过我已经没有了最初的困惑，也丝毫没有为他指出这些问题而感到不快，反倒因为他辞职而高兴。如果一个人能够很快发现别人的缺点而不是优点，并在短时间内就达到难以容忍的程度，只能说明一件事：他不适合这个团队。希望他在今后的职业生涯中能够改变这种态度，否则他就不是不适合在我们这个团队工作，而是根本不适合团队工作。

　　一个只会发现同事和团队的问题，丝毫看不到别人优点和团队优势的人，永远无法在新环境中生存下去。如果连生存都成问题，那又怎么能在职场上挖出黄金？当年在美国西部淘金的人们问过下面的问题吗？

　　当地的天气怎么样？

　　矿藏是不是有人已经定位好了？

　　矿区附近有没有好的宾馆和餐厅？

　　是不是治安良好、秩序井然？

　　挖掘设备都准备好了吧？

　　每周是不是可以休息两天？

　　没有，他们扛起锹就去了美国西部，面对严寒的天气、苍茫的大地、恶劣的住宿和饮食条件、简单的工具、无尽的劳作和不友好的当地人以及随时准备洗劫淘金者的强盗，他们必须适应这个环境，并迅速建立一支团队，因为没有团队即便找到黄金，也挖不出、带不回。最终这些淘金者中成功的都是适应下来的人，适应不下来的大多直接葬身荒野了。

第三柄剑：增加非技术因素对工作的帮助。

管理是在技术层面以上的，技术是为管理、为工作服务的，放弃对技术的不断追求，就会逐步落后，做不成、做不好事情；但如果只注重技术，就会忽视掉技术实际上只是工具这一事实。

任何工作从来都不是只有技术层面，做好它除了需要智商还需要强大的情商，以便调动更多方面、更多资源来帮助自己完成它。在工作中要不断地从工作本身跳出来看待问题，做到掌握技术，但是高于技术。能做到这一点，能否挖到金子就不会仅仅取决于自己手中那把锹，因为我们可能会找到推土机来做这件事。

60 后都知道一句话："学好数理化，走遍天下都不怕。"从表面上看，这句话是讲基础学科的重要性，本质上是说只要技术过硬，到哪里都吃得开。这句话本身没有问题，但如果只注重技术就会有问题。我见过许多人不但偏重技术，简直就是迷信和崇拜技术，觉得只要技术水平和个人能力有了，什么都不在话下。

我在央企做人事工作时，某个车间里有一位专家型人才，多次获得国家专利，还出版过专著。当时机构特别需要知识型的管理人才，所以我多次推荐他担任车间技术主管，但每次都被否决。第三次被否决后，我认识到自己一定忽略了什么，于是就找与他同在一个车间的熟人了解情况。

"他的技术很厉害啊！"我说。

"是的，在他的书里面是这么说的。"熟人虽这样回答，但显然并不认同我的观点。

我有一点尴尬，又说："他的学术水平很高啊。"我希望能够找到说服对方的理由。

"是的，因为他每天都在学习。"熟人嘲讽地回答。

他的口吻让我警觉起来，经过交谈，我弄明白了熟人对他不以为然的原因。

第一个原因，这个人每天到办公室只做两件事，要么看书，要么写论文，其他同事不得不分担本属于他的工作。这位老兄则很看不起这些人每天做的事情，觉得没有多少技术含量。

第二个原因，为了写论文，他霸占了车间唯一的计算机。20 世纪 90 年代初，一个车间只有一台计算机，像宝贝一样被单独放在一个房间里。他给自己配了一把钥匙，每天待在里面把研究成果写成论文，再四处投稿，把工作干出了在大学读书的感觉。

是的，他是一位专家型人才，技术上没的说。但在其他所有同事眼里，这就是一个让别人分担自己的工作、丝毫没有感恩，还看不起同事的人。他的技术和学识只能给自己带来名气，对机构的价值不大。

以这种方式工作的人即便在技术上已经达到高超的程度，但能获得大家的信任和拥戴吗？不可能！所以，不但没有人愿意推荐他，即便有人想对他加以重用，考核之后也只能不了了之。

第四柄剑：学会寻找、获取并且善用资源。

许多时候，资源不认真看是看不见的，所以职场新人就要去寻找。职场新人有时候会误以为某位高手能搞定所有的事情（当然那是不可能的），其实是没有注意到高手只是善用资源，并在工作中不断为机构、为部门、为自己寻找资源。

资源不会自己跳到手上，即使是在网络游戏中，许多玩家都要自己去挖掘矿产、炼制武器。许多看得见的资源，一定不止一个人看见，所以还要学会获取资源。等待上级公平分配资源固然应该，但敢于承诺资源在自己手中会取得更大成果，并努力兑现这一承诺才是正确的做法。

只有不会利用资源的人，没有无用的资源，只不过不同的资源有不同的用法与时机，这个门道是要用心体会的。掌握了这些门道，学会利用一切可能的资源，它们就都可以变成职场新人掘金的工具。

在职场中，有许多资源就在身边，职场新人没有发现，只是因为不认识它们，把金矿当成了贫瘠的土地。我当年在央企被调入一个新建机构担任人力资源部门负责人，由于系统内中高级职称评审名额有限，集团人力资源部部长对我说："你们是新建机构，比起其他系统内大企业，人数少、历史短、技术弱，就不分给你们中高级职称指标了。"

我说："不给指标可以，给政策就行，我今后在职称评审上就不走系统内了。但如果我自己通过其他正规渠道申请到指标，集团不得干涉。"

部长吃惊地看着我，好像看一个怪物。可能他心想，这小子一定是疯了，不通过集团能申请到指标？！所以他答应得也特别痛快："行！只要不来找我要，你爱上哪里申请，就去哪里申请。"

得到了部长这个承诺，我马上去找部长的下属，一个长期从事职称评审的工作人员，第二天拉着他去了省人事厅职称管理部门，说明我们是省内注册企业，要求直接在省人事厅参与职称评审。我所在的机构如果放在全国系统中，根本就看不出有什么特别的；但放在省内的系统中，技术实力和由此得到的经济效益优势就一下子显现出来了。

看着我们递交的申请材料和专业成果，省人事厅直接通知我们中级职称没有限制，符合条件都可以评上；高级职称指标酌情给予，当年拿到了 3 个指标。

部长听说后，惊诧不已，因为我这个 1000 人的机构拿到的指标数相当于他从上级那里拿到指标的 20%，可是他管的员工数是我所在机构的 40 倍。而那个帮我协调出这么大资源的人，在许多人眼里不过就是一个憨厚老实的工作人员，谁能想到他能撬动这么大的资源呢？

我是怎么知道他有这个资源的呢？其实就是靠"用心"二字。虽然我从来没有想到有一天会用这个渠道来寻找资源，但我有一个原则，就是不轻视任何人，也不放过对任何一种可能的尝试。寻找、获取、善用资源必须具备这个特点，在对资源敏感的人眼里，没有什么是无用的！

在新航道，我曾经让招聘人员把过期的招生简章给应聘人员当成等待时的读物来看。招聘人员特别不理解，觉得把过期的东西给人家看，简直莫名其妙。

我对他说："对培训机构来讲，招生简章就是产品手册，虽然过期了，但各种介绍在手册上面都有，应聘人员看了之后就可以对机构形成较为具体的印象，从而更好地判断是否应该进入这个机构。

"拿了手册看都不看的人，一种情况是并不迫切地想了解我们，一个辛苦跑过来应聘的人如果对所应聘企业的资料都不感兴趣，那说明他是一个做事不用心、不过脑子的人，这样的人我们不要；还有一种情况是为人比较粗心大意，手册在手，也不加注意，但找工作都这么不注意细节，今后我们是不是还要派一个人跟在后面，随时准备收拾因为他的疏忽而出现的乱摊子呢？所以这样的人我们也不要。

"最后，即便没有进入我们机构，但如果他哪天想出国、想学语言呢？看过招生简章，就是我们的潜在客户。"

所以在许多机构里会被当成废纸处理掉的过期简章也是一种不可忽视的资源，一样为我所用。

第五柄剑：学生习气要逐步褪去。

在担任管理职务之前，曾经有上级给了我"学生气重"的评价。我很不服气，觉得自己已经有了一定的工作经验，跟形形色色的人和事打过交道，独立管理着一摊事务，怎么可能还有学生气？

后来我在与真正的社会人群打交道时，才明白社会远比我想象的大得多，也复杂得多，而任何机构都是在这个大而复杂的社会中生存的。所以每个人都要在自己的岗位上更深入地了解社会，正确看待社会中的许多事物，平衡心态，把握好自己。有了这个提升，我们会更像一个老练、成熟的采金工，而非一个稚气未脱的实习生。

在新航道，曾经有一个刚刚担任教务工作不久的新人问我："杨老师，咱们什么时候放假啊？"

我被问蒙了，纳闷地说："国家规定什么时候放就什么时候放啊，元旦、春节、中秋节，像这种法定假日，我们都放假啊。"

她问我："难道咱们不放寒暑假吗？咱们不是学校吗？"

我听了啼笑皆非，心想难道这个小姑娘从小就没上过培训学校，不知道寒暑假其实是培训学校最忙的时候？就算没上过，也看见别人上过吧？我回答她说："寒暑假是我们最忙的时候啊。"

她"哦"了一声，但明显能看出她眼睛里的失望。

当时我心里的失望比她还要大，就算从小到大没参加过任何培训，也没看见过其他人培训，但已经进入机构这么长时间，并且是负责排课的教务人员，难道还看不出别人休息的时间恰恰就是我们最忙的时候吗？难道在问我之前是打算把寒暑假的课排完，别人按照排课表上课，有调课也跟她没有关系，然后自己放寒暑假吗？还当自己是学生？心得有多大啊！

第六柄剑：心理素质要提高。

当我还是一个新人时，上级曾经问我是否能够做到以下这四点：（1）对模棱两可的事情有很强的容忍度；（2）能够在危机面前保持情绪稳定；（3）把意料之外的阻碍看作需要克服的挑战；（4）将具有不稳定性或不可预测性的任务视为一种享受。

当时我嘴上虽然说相信自己能够做到，但心里其实还是很含糊的，觉得真正的工作就应该是准确的、可控的、能够把所有危机在工作中消除的；觉得我们每天的工作是把事情做得更好，而非一种冒险。

在我成为部门负责人后，我终于明白了：其实模棱两可本身就是工作的一部分；在危机面前保持情绪稳定，是完美处理问题的唯一前提；能够处理意料之外的阻碍会带来一种工作以外的享受；工作中有一些不稳定性或不可预测性才让我们始终保持着新鲜感和好奇心，从而不会有职业疲劳。

现在看，当年上级提出的这四点不就是在描述目前大家正面对的 VUCA[①] 时代吗？提高心理素质，会让我们坚持下去，直到成功；而不会让我们在与金矿仅有一锹之隔时放弃而去。

曾经有员工跟我说："刚刚安排给我的工作在《职务说明书》中没有。"我问他："这是不是咱们部门的工作呢？是不是你这个职务通常应该做的事情呢？"他脸憋得通红地回去了。

我想，作为一个工作多年的人，他不是没有常识，也不是不知道任何《职务说明书》都不可能涵盖所有工作事项，不可能不知道规范的《职务说明书》中还有一句"完成上级安排的其他工作"。但他就是希望把自己的工作范围划得明明白白，把外界的干扰消除得越少越好，多一事不如少一事，在划好的小圈子中无风无雨地把自己的那点事做好，自说自话地认为别人不会来管我的事，我也不去管别人的事。

殊不知，这个世界上唯一不变的只有变化，越是接近信息产生的中心，变化越频繁、越迅速。没有足够强大的心理素质来面对变化，最终结果一定是圈子越划越小，空间越来越逼仄，人越来越无处安身立命。

第七柄剑：养成"没事找事"的工作心态。

职场新人每天做的事情有日常工作，也有上级安排的临时工作，除了这些，建议大家主动想出一些事情来做。上级给的事情

---

① VUCA：volatility（易变性）、uncertainty（不确定性）、complexity（复杂性）、ambiguity（模糊性）。

是上级能够想到的，每天都在做的事情是外部环境要求的，只有自己找的事情才是最发自内心的、最让自己激动的。而且即便每天都在做重复的事情，也是可以不断升级、发现新方法的。

"没事找事"的牛顿被苹果砸了，想出了万有引力定律；不喜欢找事的人，则会把那个苹果拿过来，洗洗吃了。显然这个世界上吃苹果的人更多一些，所以成功其实并不难，只要愿意在做工作时"没事找事"，而不是天天在利益上"没事找事"，就好了。

形成这个习惯之后，每当工作中出现一小段安逸时光，职场新人都会心中惶然。不要以为只有职场新人才会如此，这在职场精英中是普遍现象。高层次的职业经理人在发现工作表有快要空了的迹象时，一定会惶惶不可终日。不是他们天生劳碌命，没有压力就不知道如何生活下去了；而是他们的经验告诉他们，世界上没有任何事物是可以不付出代价就获得的，付出的代价越多，所得就越多；突然不需要付出了，很可能意味着后续也不会有所得。所以，如果精力够用，就多去找些能带来结果的事情来做。

我的部门的员工都知道我喜欢折腾，可能在他们眼里我是一个不会闲下来的上级，放着好好的按部就班的日子不过，总想没事找事地做一些改变。我每年做预算前都让大家写计划，里面一定要有跟上一年不一样的东西，没有的话过不了；写少了的话，我还要提出自己的建议和想法。就连给员工提薪，前提都是"你明年能给部门和工作带来什么新的价值"。

他们对此或许感到不解，但我知道如果没有新的成长和变化，没有新的价值提供，要我何用？要这个部门何用？所以，时间长了我负责的部门的员工往往都很抢手。

职场新人在学校时没有机会见识这七柄宝剑，现在我把能够打造出它们的铁交到职场新人手中。这些铁并不可能自行成长到可以切金断玉、谁与争锋的地步，而是需要职场新人通过努力把它们锻造成真正的利器。

中国修仙类武侠小说中有一门功夫——以气御剑，凭意念让宝剑满天飞，但这只是初级阶段，真正的高手是以人为剑，让自己满天飞。希望职场新人能够把这七柄宝剑练到这个境界。即便用这些铁炼不出宝剑，至少也要打出一把好锹，认真在自己脚下向下挖，先是挖出泥土，之后挖出水源，最后挖出黄金。

| 口小肚大，收纳天下 |

任何机构都不缺少口若悬河却能力有限的人，还是新人时，我对这种人佩服得五体投地，觉得人家讲得好有道理、好有水平啊！接触这种人多了以后，我才发现其中有不少只是说说而已，说完就完了，并不做。

开始我以为是他们不屑于做，而且大多数说说而已的人也是这么说的。等到做了多年人力资源工作之后，我又发现凡是擅长说，而不屑于做的人，大多是做不来，根本不是不屑于做。

人类发明了陶器，首先出现的是用来贮存的罐子，它口小、肚子大，可以存水、存食物，这样可以减少水的挥发和食物被其他动物偷吃的可能，同时方便携带。然后人类才做出盆子用来洗脸，洗脸自然要做得口大、肚子小。

如果是为了保证温饱，人类会选哪个？当然是罐子，因为肚子明显比脸面更重要。所以在一个永远为了生存而战的部族里，罐子比盆子重要，除非这个部族大到了不受任何人威胁的地步，用来维护脸面的盆子才重要起来。

但真的有部族大到不受任何人威胁的地步吗？人类的历史告诉我们，**永远会有一个所有人都意想不到的小家伙崛起干掉大家伙，而当这个小家伙靠着吃掉众多其他小家伙成为大家伙后，还**

会有一个新的小家伙崛起再干掉它，此消彼长、循环往复、滚滚向前。所以，根本就不存在一个永远不受威胁的团体。

许多机构的创始人或者负责人每天都在告诉自己的员工："我们离破产其实不远！"有这种意识的团队，往往走得最远。这种团队虽然可能会有盆子型员工，因为团队也要维护脸面，但团队一定会重视、重用罐子型员工。

当然，许多时候盆子型员工会比罐子型员工讨巧，一旦遇到用口的大小来判断肚子大小的上级，"盆子"得到青睐的可能性就会比"罐子"大好多。因为在原地不动的情况下，盆子的气势明显比罐子大得多：低头一看，盆子中的水面波光粼粼；水中倒影，宛如伊人。而在需要迅速反应、远程迁移的情况下，背起罐子可以行走如飞，且涓滴不漏。端起盆子跑几步试试？保准湿了前襟，减了速度。

对于上级而言，分清"盆子"和"罐子"很重要，分辨其实也很简单，带着他们"跑几步"试试。一路沉默不语、踏实向前、逢山开路、遇水架桥的，就是罐子型员工；一路抖着机灵、抱怨不停、遇难则躲、小富即安的，就是盆子型员工。想把事情干好，要多准备"罐子"，少要些"盆子"；想把团队管好，要多奖励"罐子"，少引进"盆子"。

对员工而言，做"盆子"还是做"罐子"是一种选择。不要因为"盆子"做起来容易，就心向往之。如果做"盆子"而得到小利，就会沿着这条道路，以"聪明人"的姿态狂奔下去，但是被团队发现其实本人无法容纳更多时，只会被抛弃在路边；也不要因为材料有限，就去做"盆子"，如果本领有限，做不了大罐子，就用现有的材料做一个小罐子，一次装不了太多，就多装几次，仍然能够达到大罐子的效果。

有一次我跟朋友在餐厅吃饭，隔壁桌的谈话吸引了我们的注意力。

一个小伙子正以长者口吻教训对面与他年龄相仿的另一个男生："你说你一个新人那么努力干什么？又不多赚一分钱，傻啊！还真实实在在在跑业务，一个客户一个客户去拜访。知道吗？咱们对面那家竞争机构规模大、提成高、待遇好，哪儿像我们这里各方面待遇都差好多。你向我学啊，早上到办公室露个面，就说出来跑业务，然后找一家商场一待，吹吹空调，喝瓶饮料，中午吃碗面，下午接着休息。快到下班时间回去打个照面，嘴甜点，告诉上级这一天有多么辛苦，客户有多么难伺候，反正咱们都是陌生拜访，上级也没法检查，多爽！"他突然面露得意，敲着桌面让对方重视起来："最重要的是一定要跟上级搞好个人关系，反正做不出业绩，他也会从我们这里要理由，再向他的上级汇报。如果机构不把待遇提升起来，不把福利搞好了，咱们就这么泡着，看谁难受。"

对面那个小伙子吭哧了半天说："咱们对面机构要的都是本科生以上的，咱们都是专科生，人家也不要咱们啊，如果公司的工资和待遇都提上来了，也只招本科生，把咱们都开除了怎么办？"

口若悬河的小伙子瞪圆了眼，生气地说："亏你想得出！"然后就没词了。

我和朋友听到此处，相视一笑，典型的"浅盆子"遇到了"闷罐子"，这出戏的结尾不用猜都知道。

在大学时，盆子和罐子都有市场，毕竟大学给学生定的目标是顺利毕业，职场则不一样，职场要的是业绩。盆子可能会在大商店里有一席之地，毕竟大商店要满足各方的需求；但在以出结果为目的的地方，罐子就更有价值，而职场最终需要的还是罐子。

| 谋篇布局，重在策略 |

策略撬动世界

作为一个已经30多年没有接触高中教材的人，我偶然翻看了一下子侄辈的高中语文课本，发现了一篇很吸引我的文章《烛之武退秦师》。

这篇文章解答了我看《史记》时一直感到迷惑的问题：为什么秦晋两个超级大国于公元前630年兴师动众，包围了一个经常被打的郑国，却又在很短时间内分别撤军，甚至秦国还留下了人马帮郑国守大门，而当时的霸主晋文公居然忍了？

我读高中时，课本里还没有选用这篇文章，所以我是第一次看。文章出自《左传》，原文如下：

晋侯、秦伯围郑，以其无礼于晋，且贰于楚也。晋军函陵，秦军氾南。佚之狐言于郑伯曰："国危矣，若使烛之武见秦君，师必退。"公从之。辞曰："臣之壮也，犹不如人；今老矣，无能为也已。"公曰："吾不能早用子，今急而求子，是寡人之过也。然郑亡，子亦有不利焉。"许之。夜缒而出，见秦伯，曰："秦、晋围郑，郑既知亡矣。若亡郑而有益于君，敢以烦执事。越国以鄙远，君知其难也。焉用亡郑以陪邻？邻之厚，君之薄也。若舍郑以为东道主，行李之往来，共其乏困，君亦无所害。且君尝为晋君赐矣，许君焦、瑕，朝济而夕设版焉，君之所知也。夫晋，何厌之有？既东封郑，又欲肆其西封，若不阙秦，将焉取之？阙秦以利晋，唯君图之。"秦伯说，与郑人盟。使杞子、逢孙、杨孙戍之，乃还。子犯请击之，公曰："不可。微夫人之力不及此。因人之力而敝之，不仁；失其所与，不知；以乱易整，不武。吾其还也。"亦去之。

读过《烛之武退秦师》，我深深感受到整个过程中三位主要人物之间精彩的博弈。

无论烛之武在强敌面前冷静、深刻地分析利弊，还是秦穆公果断撤兵并扶持郑国，甚至晋文公最终罢兵的决策，都体现了真正的高手的远见卓识和雄才伟略，绝非战场上一刀一枪、亡命拼杀的勇气和中军帐里统领五军、指挥若定的谋断所能比拟的。

烛之武以一个郑国养马官员的身份能够看透当时秦晋两国之间的利益矛盾并加以利用，从而借力打力，不战而屈人之兵，让郑国在同时面对两个春秋时期霸主（晋文公是继齐桓公之后的第二代霸主，秦穆公则在晋文公去世后取代了他的位置）的军事挤压下，奇迹般地生存下来，充分体现了策略力的第一个必要因素：眼光独到。

晋文公带着一统天下的雄心、报仇雪恨的决心、志在必得的信心，不但出动了自己国家的军队，还联合了秦国，愿意与其分享胜利成果。但秦国撤军并转而帮助敌人时，他没有出于一时激愤攻击对方，以惩戒其背信弃义，而是清醒地分析形势，以"不仁、不知（智）、不武"三项原则进行了明智选择。其没有"不仁"，还了秦国帮助自己复国的人情；没有"不知（智）"，以放弃战役胜利来取得秦国的道义亏欠，从而推迟了秦晋两强争霸的时间；没有"不武"，不鹬蚌相争，让其他国家渔翁得利。这充分体现了策略力的第二个必要因素：决策智慧。

秦穆公作为一代英雄，能够看透灭掉郑国的几年后国家之间实力的对比和变化，从而毅然放弃盟约，甚至不顾秦晋之好（为了加固与晋国之前的关系，他先是娶了晋文公的姐姐，之后派兵护送当时还是公子的晋文公回到晋国担任国君，甚至又让人瞠目结舌地把女儿嫁给了晋文公，成为晋文公的姐夫兼岳父）和整军出兵所付出的成本，不但迅速退兵，还留下将领帮助郑国守城，以示郑国为其保护范围。其战略决断力之强，充分体现了策略力的第三个必要因素：坚定、坚持。

我经常看到许多职场新人激情有余，规划不足；行动有余，思考不足。技术提升再迅速，战术变化再多端，也无法弥补策略上的缺失。

一旦在策略上有所缺失，就好像奔跑没有方向，虽然可能会误打误撞进入正途，但任何一个偶然因素都会让方向偏离，更多时候干脆就是跑错了方向，离目标越来越远。而如果具备了策略力，则想不成功都不容易。

有眼光，能知彼知己，知道身在何处，更知道自身优势和弱点。

会决策，时刻知道什么最重要和最重要事件的关键点在哪里，什么应该坚持，什么应该放弃。

能坚持，一旦选定正确方向，无论代价多大，既要勇于面对困难，又要能拒绝诱惑。

如何培养策略力

当然，要同时具备这三项能力更不容易，需要长期磨炼和累积，希望听别人三言两语就实现醍醐灌顶、顿时开悟，是不现实的。

文章中的烛之武如果没有长期对各国形势的观察，不会有如此眼光；秦穆公如果没有一直以来对晋文公称霸天下的深刻认识，不会转变得如此果断；晋文公如果没有对国家发展的长期思考，不会在已经获得霸主之位时依然如此隐忍。

我们在学校学习中并没有专门培养过眼光、果断和隐忍这三种能力，而这也是职场新人要特别注意和提升的。那么应该如何培养这三种能力呢？

首先是眼光培养。要培养具备策略力的眼光，就要不断地、反复地练习把当前的人和事放到更广阔的范围和更漫长的时间里去思考，既要低头赶路，也要抬头看路，还要形成思维习惯；一旦习惯形成，能力早晚都会具备。

要不断从行业、机构、部门、岗位、自己、未来的角度思考问题，如果能认真思考这些问题，就会发现自己还能想出更多需要思考的问题。要做到"知己"，需要解决的问题很多。

只有充分做到知己知彼，在知的过程中不断变换角度进行观察和思考，才可能把现在的每个点看通透，最终实现一眼见底，一眼见真，一眼见本质，一眼见未来。

其次是决策能力培养。三种能力的培养需要并行共进、相互配合，并不是必须先培养出眼光才能培养决策能力；而是先培养出初级眼光，之后用上初级决策能力以便验证眼光是否准确；然后需要一点点坚持，将决策落实到位，逐步培养出信心，最终实现更快速的正循环。

眼光培养要不断对外看世界、对内看本心；决策能力培养则要不断看自己，想清楚在每个点上自己到底要什么，到底什么最重要。每个人都希望工作"活少钱多离家近，舒心位高升迁快"。

但是活少，相应的锻炼一定也少，收获的技能和经验也就少，无论哪个机构裁员，评估时排在后面的人一定是活最少的。

钱多一定意味着机构期望高，要么针对员工自身工作成果，要么针对员工所拥有的资源，总之要的是综合价值。

而活少还能钱多，对职场新人来讲只能说明人家看重的根本不是我们从事的工作本身，通俗点说就是我们的工作本身根本没有那么高的价值，而是外部因素在起作用；但如果那个因素没有发生作用，也就不要奇怪为什么自己会被淘汰出局。

理想的工作标准本身就存在着与工作现实的对立。那么问题来了，当它们不能兼得时，到底选择哪个？为什么要选择这个？放弃会让我们损失什么，愿意承受吗，确定不后悔？在今后面对同类问题时，是会重复这个决策，还是会改变方向，为什么？

只有把上面这些问题反复想透，树立起稳定的价值观，找到准备坚持的选择原则，才有可能在做决策时不犹豫、不摇摆、不拖延，抓住重点、果断取舍、迅速决策。

最后是坚持能力培养。没有眼光看清局面和形势，没有决策确定方向和目标，任何坚持都可能变成执拗、偏激，所以坚持必须与其他两项能力相辅相成。

当然，要做到坚持同样不易，因为它有两个敌人。一个是困难，坚持的价值主要通过克服困难体现，烛之武之所以名留史册，就是因为他面对两个实力都足以灭掉郑国的大国，凭借一番鞭辟入里的话改变了结局。完成动作的难度越大，散发的光芒就越强。

战胜困难是在职场中获得成功的必经之路，任何遇到困难就绕着走，遇到责任就想办法推出去的人，任何不想通过挑战困难、挑战自己得到成长的人，都享受不到成功和成长的喜悦。

坚持的另一个敌人是诱惑，坚持的成果主要通过拒绝诱惑而保存。秦国放弃与晋国分享眼前的成果，将郑国作为一股牵制晋国的力量，达到了在实力不如晋国的情况下仍然能保持均衡的目的；晋国放弃逞一时之勇，选择维持与秦国的关系，达到了让其他强国无机可乘，继续忌惮两国联盟的目的。所以坚持不仅要有面对强敌时的快马利刃，还要有对弈中盘时的见小利而不取。

许多人在培养职业能力时兀兀穷年地学习各种技能、技术、技巧，却丝毫不想在更高、更远、更广大的层面投入时间和精力。

因此他们虽然可能成为某一方面的专才，却没有能力肩负起更大的责任，因为他们或是看不见，或是看不清，或是不知道选哪个，或是选择了却没走到最后。这样一来，他们就只能在别人成功后，后知后觉、恍然大悟；就只能在被甩出很远之后，才说一句"其实当时我也想到了，只不过还有其他的事情要做"；就只能在另起炉灶却仍然没有回报之后，感慨说："如果当时咬咬牙！"

职场失败的理由可以有很多，不过理由是没有价值的，重要的是当时有没有看准、选对、做到位；策略力对于职场成功很重要，一旦形成，受用终生。

《烛之武退秦师》不过两百余字，但是举重若轻、顺势以道、寓道于法、藏法于术，从职场角度读起来有一波三折、更上一层楼之感，让人欲罢不能、拍案称奇。

时机到，终不晚

我有一个特别钦佩的管理者，他在将近 50 岁时做出一个非常让人吃惊的举动——更换单位和职业，从他毕业后就加入并且辛勤工作了 20 多年的机构离开，放弃 10 多年人力第一负责人的职位，转而去另一家销售性质的机构担任业务副总。

他曾经给包括我在内的许多人规划过职业生涯，不但给建议，更多时候还会直接参与进来，我就是他亲自点名从技术系统调入人事系统的。不过轮到他自己突然转变职业方向，还是让所有认识他的人都不敢相信自己的耳朵。

然而正是这个转型，使他几年后从一个三、四线城市销售公司的副总，成为一个包含三个省的地区销售系统的副总，这在他原来的职位上是无法想象的。

我也是后来从第三方角度复盘他的操作，才认识到这次转型的合理、策略的深远和行动的大胆、果断。按照上面所提及的职业策略力的三项能力，可以对他的决策动作进行一下分解。

首先是有眼光，能够知彼知己，知道身在何处，更知道自身的优势和劣势。他非常清醒地在纵向时间轴和横向职业轴之间定位了自己的处境：从时间轴角度他看到了职业生涯的停顿和终点，10 多年前被提拔为人力第一负责人时，他还属于年轻干部，10 多年过去了仍然在原来的职位，他就变成了老领导。顶头上司换了好几拨，当年的同僚，甚至他亲自提拔的人中都有人超过了他现在的职位。同时由于这家机构一直倾向于在技术人员里选拔第一负责人，所以长期从事行政工作的他并无多少机会能够取得更高的职位。从职业轴角度看，年轻化、知识化、专业化成为上级机构人才选拔的趋势，身边都是一群名校毕业生，机构新项目不断上马，需要大量的知识更新，自己的经验、人脉在团队中的价值日益被机构的机制强化所取代，个人价值变现率越来越低。

其次是会决策，时刻知道什么最重要和最重要事件的关键点在哪里、什么应该坚持、什么应该放弃。如果想在职业生涯中再进一步，就必须找到一个能够把长期积累的人脉资源、个人声誉、处世优势发挥到极致的机构和位置，最关键的是，这个位置还要能依托原来机构的资源。要做到以上这些，他首先要离开原来的机构，放弃之前 20 年积累下的一些不能随身带走的资源，同时又要做与之前业务相关联的业务。最终他去的这家销售性质的机构就是负责销售当地包括原来机构在内的十余家生产企业的产品，由于他在行业里的时间长，同时在做人方面非常出色，之前就与这些企业的高层建立了良好的人际关系，所以虽然担任的是副总，但受到各方面的信任。

最后是能坚持，一旦选定正确方向，无论代价多大，既能勇于面对困难，又能拒绝诱惑。做这个选择不是没有风险，在此之前他并没有做过销售方面的工作，只是作为高层管理人员在参与机构决策时，对销售工作有所了解，能不能站稳脚跟还是未知数。另外，除了与供货企业高层的人际关系好，他并没有在采购和销售方面与这些高层有过合作，所以并不知道这些人能够帮助他多少。在做这个选择时也并没有多少人支持他，包括他的家人、朋友都觉得这是一着险棋，将近 50 岁是否还有必要冒险？如果不冒险，他完全可以舒舒服服、按部就班地在原来的职位上待到退休。但是他选择了调整航向，并且无论风浪有多大，也一直把船开下去。

后来当我去他区域总部的大办公室拜访时，他问我："当年正要重用你，你为什么要从机构离开，去了民营机构？真搞不懂你是怎么想的！"我嘿嘿一笑，心说："嗯，跟您学的。"

| 千里之行，始于终局 |

写好 3 年后的求职简历

职场新人必须培养自己的终局思维，做一件事先想好预定的最终结局是什么，然后做好规划，并加以实施。

史蒂芬·柯维在他的管理学名著《高效能人士的七个习惯》中将"终局思维"称为"以终为始"。具备终局思维的人永远可以在职场中立于不败之地，因为他们将规划、行动在日常工作中完成，从而达到了《孙子兵法》中所述的"先胜而后战"的境地。

我们可以看看人才是如何流动的。因为工作原因，我加入了多个汇聚各大机构人力资源高管和猎头的微信群，里面经常有各种招聘信息，其中不乏给出百万元甚至千万元年薪的职位。

群中许多人看到这种年薪数字时各种羡慕、各种询问、各种摩拳擦掌，然而最终那几个职位在几个月内反复出现，由此可见，想赚这笔钱的人不少，能赚这笔钱的人不多。为什么这种多金岗位你爱它，而它不爱你呢？

许多职场新人工作没几天，一言不合就跳槽，把个人文件夹里的简历拿出来，之后咬着笔或者盯着屏幕，开始抓心挠肝地想着自己的职场亮点。而这些人中大概只有 20% 的人会根据自己应聘的不同岗位，有选择性地展示让挑选简历的人眼前一亮的内容。

不信？先看看自己放在招聘网站上或者投向心中向往机构的简历吧，是不是对于不同公司、不同岗位，投出了完全相同的简历？

我看过最夸张的简历投放是一个人同时投了同一个机构在网络上发布的所有职位，但这些职位对知识、技能、经验的要求差别极大。考虑到对方求职心切，招聘人员也就接受了，问题在于总得稍微改动一下简历吧？像这种情况，招聘人员就是冲着简历微微一笑，就此别过。

连认真对待一份可能为自己带来喜欢工作的简历都做不到的人，不是一个对自己负责的人。如果连对自己负责都做不到，谁会相信这个人能够对客户和机构负责呢？

那么大家可能要问，在求职时应该如何写简历呢？我来告诉大家，问这个问题本身就错了，为什么要深究简历怎么修饰才能更好呢？为什么不问问那些被猎头或者竞争机构追捧的人在做什么？为什么他们不用投简历，甚至不用写简历仍然那么抢手？

那些人的简历其实是提前写完的，至少在 3 年前他们已经开始用行动写以后的简历了。

他们把纸放在那里，写上 3 年内准备做到一个什么样的位置，为什么是那个位置，距离那个位置还有什么差距，通过什么方式缩短这个差距，能否列出缩短这个差距的时间表，有什么工具和手段可以帮助自己，里程碑事件是什么，如何以量化的形式考核自己是否达到标准，如何激励自己，如果发生突发情况应该如何应对……把这些问题的答案写下来之后，这些人就按照这份递交给 3 年后的自己的简历开始行动。

过程一定是困难的，相信我，你如果在这 3 年中从来没有感到自己是崩溃的，唯一的可能是，目标定得太低了，太低估自己的潜力了。

能力的提高是向昨天的自己辞行，把上个月的自己抛在身后，像培养下属一样教导去年的自己。今天的自己总是今天内最好的，明天的自己对昨天的自己说"对不起，你 Out（过时）了"；昨天的自己当然会痛苦、难受外加崩溃，把那一刻挺过去，就是明天的自己了；没有挺过去，还是昨天的自己。在一个月内是昨天的自己，就会被成功的目标抛在身后，只能模仿，不能超越；在一年内是昨天的自己，就会成为预期目标的下属，只能跟随，不可模仿。

提前用行动写简历的人，实际上很少有把简历递出去的机会，因为在他所在的领域和层面里，他做了哪些事情，受到了哪些重用，得到了怎样的提拔，是有目共睹的事情。

不但许多机构会向他伸出橄榄枝，他所在的机构更不会轻易放过这样成长明显、业绩突出、潜力非凡、了解机构的人。

所以，与其把时间放在修饰以前的经历上，不如建立起终局思维，把精力放在设计以后的目标和积累现在的经验上。

在人生的语法书上，充满希望和可行性的"将来时"、坚持到底的"现在进行时"，永远比苦思冥想、不得要领的"过去时"要强。我们需要做的就是尽量从"过去完成时"中汲取经验，用详细的计划消灭"不定式"，扔掉"被动语态"，去掉过多的"虚拟语气"，成功制造"现在完成时"和"将来完成时"，最终把人生变成需要大量使用"感叹词"才能表达的成功历程。

顶尖人才自身就是简历

曾有机构发布预测：中国中高级人才寻访服务全行业产值将达到 900 亿！

所谓的中高级人才寻访服务就是通常所说的"猎头"，900 亿这个数字足以说明市场需求之大，也说明了各个机构，尤其是商业机构对人才的渴望，而且这个被公开的数字后面又有多少没有被公开的需求呢？有多少中高级人才其实是通过内部推荐在机构之间流动的，虽然这个数据没有人统计得出来，但也一定是一个可以让你惊奇的数字。

人才市场中的马太效应将越来越严重，符合高端人才条件的人将越来越成为稀缺资源，成为被猎头和机构追逐的对象。他们将拥有令人羡慕的待遇和话语权，而许多可替代人员将面临技术对人工的替代、严峻的经济环境和越来越少的低端岗位。

作为不具备顶尖技能、深厚资历和丰富经验的职场新人，在这场游戏中唯一的选择就是在一个固定方向上不断打造自己的独特优势，迅速拓宽自己的职业技能护城河，才能保证自己在激烈的竞争中立于不败之地。毕竟人才如"锥处囊中、其末立见"，在一个行业里，如果真的出色，很快就会被盯上，根本无须在寻找机会和推荐自己上下太大功夫。

我跟很多行业顶尖人物聊过，基本上他们很少有需要写简历的时候，从来没有担心过自己的工作问题，几乎每次都是被猎头或者用人机构请到新的职位上，因为他们自带的行业口碑已经是最好的简历了。

| 小工具

回答以下问题

1. 我认为成熟的职业经理人与学生最大的区别是什么？

2. 我的职业导师怎么评价这个区别？职场新人在进入机构后一定要想办法给自己找到一个职业导师，这个导师要有热情，要不吝分享，要有自己的见解，要被同事尊重，要有自己的成就。

3. 职业导师为什么会有这种评价？

4. 职业导师讲的内容中有哪些是我认同的？有哪些是我还听不懂的？有哪些是我不能认同的？

5. 认同与不认同的原因是什么？听不懂的原因是什么？

6. 我认同的事情中有哪些是我没有接触过的？如何能接触并体验到？

7. 我不认同的事情中有哪些是我没有接触过的？如何能接触并体验到？

8. 我听不懂的事情中有哪些是我没有接触过的？如何能接触并体验到？

9. 我如何利用从文章中学到的知识和经验评估体验到的事情？

10. 从这些事情中我能学到什么？

第 三 部 分

态度比黄金更珍贵

　　在上级和同事眼里，职场新人，尤其是从学校刚刚毕业的应届毕业生，他们身上什么最有价值？态度！

　　确实有一些刚刚毕业就依靠高精尖的专业技能拿到天价薪酬的案例，但一方面，这样的案例非常少，并不普遍，绝大多数机构看中的主要还是应届毕业生身上的潜力。应届毕业生在性价比上肯定比不上熟练的工作人员，但就好像买股票一样，机构买的是未来，而应届毕业生的职业未来则以不断增加的知识储备为硬件，以态度为软件。

　　另一方面，即便是拿到天价薪酬的应届毕业生，如果不能以"实力 + 态度"作为基础去拿出结果，那他一样会很快被淘汰，毕竟机构是要计算投入产出比的，不会仅仅因为噱头就去维持不菲的待遇。

　　曾经有企业家给自己选了一个年轻助手作为直播搭档。虽然这个搭档被炒作得红红火火，但不到两年即行散伙。离职后，助手曝出工资待遇与其他工作人员相同，也就是说企业并没有为了噱头去买单；而所属企业则曝出助手违反劳动纪律、旷工等情况，以说明其工作态度很成问题。真相虽然不敢断言，但一地鸡毛肯定是留下了。

　　哪些态度会被上级和同事认同呢？我们都知道好态度有很多，但最重要的永远是少数的几个。根据我的多年经验，能够迅速得到机构认同的，并列排在前三位的态度分别是主动、专注与学习。

主动的态度能够让职场新人处处掌握主动权，而不是被各种情况牵着鼻子走；专注的态度可以让职场新人在重点领域实现突破，而不是把精力分散在太多方面；学习的态度可以让职场新人保持谦逊且不断成长，而不是骄傲自满、故步自封。

本部分重点讲这三个方面。

第七章

主动能让我们处处抢跑

主动是可以学习的

主动可以有所收获

进入 A 公司两年多的小王最近一直在纠结一件事情，就是自己该不该毛遂自荐，向直接上级提出去分公司担任总经理的申请。

他现在是一家全国连锁机构北方区的市场营销负责人，北方区有 8 家分公司，地域覆盖东北、华东和中原地区，都刚刚运营了不到 3 年，尚在初创期。

小王加入这家机构也不过两年多的时间，最初，他负责一家分公司的市场营销工作，因为表现出色，被调到总部负责监管北方区各分公司的市场营销工作，定期寻访各分公司，对接分公司总经理需求，指导当地市场营销部门开展工作。

在指导过程中，他对不同地区的客户及市场情况进行了比较，经过两年多的摸索，结合不同地区的客户特点、消费习惯建立了一套行之有效的运营方法，同时也形成了一套自己的分公司的运营理念。把自己的理念付诸实践的想法一直在他心中挥之不去，能实现这个小梦想的唯一方式是成为一个分公司的总经理。

但这个机构有一个用人传统——所有分公司总经理都是从生产条线提任的，机构到现在还没有从营销体系选拔过总经理，而且小王在这个机构的资历相对一些老员工也并不深。

一旦自己提出申请，机构决策层不同意，怎么办？如果决策层因此觉得他不安心于现在的工作、过于野心勃勃，怎么办？如果其他的同事笑话自己要官而不得，怎么办？如果决策层同意了申请，但自己又没有做好怎么办？毕竟自己熟悉的只是营销工作，对于生产和内部管理没有经验。

这些问题困扰着小王，让他夜不能寐、寝食难安。

以上情况对职场新人而言经常会发生，对于偶然出现或者通过努力发现的机会是否能够把握住、是否需要主动争取，常常考验和折磨着职场新人。

每个职场新人在进入心仪的机构时都会有自己的职业期望，希望有朝一日能有机会展露自己的才华，证明自己的价值，但真正能获得机会的人并不多。如果能采取比其他人更加主动的态度，无疑会增加与机会接触的概率，并由此获得更多机会。尤其对处于初创期、初见成效期和发展期的机构而言，员工是否具备主动性甚至是一个重要的筛选因素。

机构的发展周期大致包括初创期、初见成效期、发展期、成熟期和衰退期，很像一个人从幼年到老年的过程，相应的人才选拔要素也不相同（见表 7.1）。

表 7.1　机构发展周期、特点及人才选拔要素

机构的发展周期	特点	人才选拔要素内容及排序
初创期	组织结构简单，管理比较粗放，职能和责任集中，垂直式管理，制度和职能待健全，人为因素重，生存第一	品德、工作结果考核、企业文化认同度、自驱力、决策者偏好
初见成效期	组织结构逐步健全，管理日趋完善，职责、职能日渐清晰、明确，层级负责制管理，但存在管理漏洞，在激烈的市场竞争中存在较大风险和危机	品德、工作结果考核、企业文化认同度、自驱力、岗位匹配度、决策者偏好
发展期	经营方式多元化，发展势头强劲，开始做大做强；企业在战略、决策、信息方面着眼于长远目标，平稳盈利，开始从产品经营转换到品牌经营	任职资格、品德、工作结果考核、管理人员行为规范遵守情况、企业文化认同度、战略执行力、自驱力、岗位匹配度、发展潜力、决策者偏好
成熟期	组织机构设置科学合理，内部管理规范、规章制度完善，领导分工明确清晰，企业强大，创新能力强，员工队伍的综合素质高，企业整体战斗力强	任职资格、品德、工作结果考核、管理人员行为规范遵守情况、企业文化认同度、战略执行力、自驱力、岗位匹配度、发展潜力
衰退期	组织和流程僵化严重，创新和创业精神淡薄，流程运作困难、效率低下，业绩下滑、凝聚力降低；如不进行全面再造和业务变革，很难维持生命力	任职资格、品德、管理人员行为规范遵守情况、企业文化认同度、岗位匹配度、决策者偏好

　　从表 7.1 可以看出，自驱力在初创期、初见成效期的人才选拔要素中一直处于前五的位置，而自驱力的外在表现就是能否在工作中做到积极主动。因为对处于这两个时期的机构而言，它们急需一批能够主动挖掘客户需求、主动向市场寻求答案、主动向竞争对手发起挑战的人，从而打破之前固有的市场格局，为机构生存争取一席之地。

　　在这种情况下，员工的主动性就成为一个机构发展的重要资源，同时也成为机构文化中必须具备的内容。机构最怕团队里面有无欲无求的员工，因此也会刻意培养和提拔积极主动的员工，哪怕这个员工可能综合素质低于那个无欲无求的员工，机构也会给他更多机会，以便让团队内部形成主动者优先的风气。

幸运的是，小王就身处这样一个处于初见成效期的团队里，在他提出申请，汇报了自己的思考，并与决策层进行深入沟通后，决策层打破惯例，给了他担任南方区一家分公司总经理的机会。

很快小王就凭借他积累的经验迅速在当地打开了局面，使其所在的分公司成为机构中发展速度最快的分公司，并一度成为业务规模最大的分公司。

突破学习主动的三大难关

要想具备主动精神，需要克服三大困难，还要进行反复练习。

第一个困难来自新人本身缺少足够的本钱去赢得机会。机构中不乏对机会跃跃欲试的新人，但正如公元前 4 世纪的古罗马著名哲学家塞内加所说："幸运就是机会之路与准备之路的交会处（Luck is where the crossroads of opportunity and preparation meet）。"

任何新人想要争取机会，至少要有一样可以让其他人重视的东西，无论知识、技能、经验还是成绩。新人不要试图在所有方面都超过本机构的资深人士后，再去主动争取机会，那样的话绝大多数人在自己的职业生涯中得不到任何机会。只需要在某一个方面表现得好一点点、超过平均水平，新人就可以去展示自己了。

同时因为新人的身份，机构和上级并不会一开始就有那么高的期望，在这个时刻新人身份反倒成为一种优势。

第二个困难来自新人对机构和上级的悲观猜测。我从事了将近 30 年的人力资源工作，在央企、外企、民企工作过，经历了机构发展的 5 个周期，甚至还经历了很少有人经历的衰退期之后的重生阶段。可以负责任地说，除非领导者并不想让自己负责的机构迅速发展起来，否则绝大多数明智的领导者都会对主动的员工采取鼓励的态度。

比如我主持会议有一个习惯，就是在大家落座之后，如果第一排座位没有特殊安排，同时还有空余，我一定会让最后一排的人起立，坐到第一排。

每次我都会告诉被叫到第一排就座的人："下次记得，坐在最后一排，对我而言，等同于表现出想要坐第一排的强烈意向。"熟悉这一风格的人，见到是我主持会议，一般不坐最后一排。我之所以这样做，是因为一直坚信一点——坐在哪排就是哪排的心态。

首先，坐在第一排，有很大概率会被演讲人注意到，因此愿意坐到第一排的人至少是喜欢寻找和把握机会的人。

其次，由于演讲的过程中演讲者一般要与前两排的人互动（我到现在还没有见过一个演讲者会手搭凉棚与遥远的最后一排互动的），所以可以倒逼第一排的人全神贯注倾听。老实说，这个做不了假，因为下面的人听还是没听，演讲者其实最清楚。

最后，坐在第一排的人要能够第一时间领悟演讲的要点与有趣之处，至少与演讲者要有几乎同步的思考和反应速度；只是木讷地点头微笑、做赞赏状，不会让演讲者认同你。所以坐在第一排其实就是选择了一种态度，即愿意或者哪怕逼迫自己也要投入与演讲者的互动。这种互动不一定成功，但至少表现出愿意尝试的态度。

而在最后一排，除非所有听众只有两三排，否则整个分享过程中，无论演讲者还是听众，双方基本上都相互看不清，由此引发的结果如下。

首先，演讲最精彩的那部分，最后一排的人没有感觉到。是的，演讲本身并不只是语言，而是语言、表情、动作的统一结合，没有了后两者，演讲的效果至少减半，因此对最后一排的人而言，就丧失了一半的收获。

其次，不要告诉我，最后一排的人会专心听讲、心无旁骛，别自欺欺人，他们很可能会开小差，并开始玩手机，坐在最后一排的人绝大多数是这个样子的，不信下次回头看看最后一排。

最后，就算极具慧根，对演讲者要表达的意思马上就领会于心，如果与演讲者没有互动，本身也是在浪费才智。

坐在最后一排其实也是选择了一种态度，就是放弃必须投入的机会，选择了可以投入也可以不投入的状态，同时放弃了与演讲者互动的机会，无论缘于有意、无意还是恐惧。

凡是希望机构迅速发展的领导者基本上都会与我一样，鼓励参会者坐在第一排。即便来得没有别人早，没有坐到第一排，至少也要有意愿，甚至有敢于逼迫自己坐在第一排的心态，因为领导者认为这就是成功者与生俱来的心态。

没有这个心态，很难想象一个职场人能在与外部环境和内部员工的竞争中不断取得进步。进入任何一个职业层面的人面前一定会有许多资历颇深的前辈、起点更高的同辈及崭露头角的晚辈，**要超过前面的，突出于同期的，领先于后面的，就要永远有坐在第一排的态度。**

第三个困难来自不知道如何培养自己积极主动的态度。

我们从小学到大学课表里面都没有"积极心态"这门课程，但这门课程确实可以帮助人们在各种情况下保持解决问题的激情；同时好面子、怕丢人的心态，又无形中为惧怕失败、拒绝主动增加了一个诱因。

在两方面因素的促使下，很多人明明想去争取某个东西，却一定摆出一副不屑一顾的样子，恨不得别人送到自己手上，自己还要装模作样地推辞一番。大家都学会了谦虚，却不知道如何培养主动性。给大家一套训练方式，希望能够帮助到职场新人。

第一阶段，做一件自己从来没有做过的事情，告诉自己能做到。

比如在衣着上加一个从来不会戴的小饰品、穿一件从来没有穿过的色系的衬衫、试一款完全不同的香水，这些都是很小的改变，别在意别人怎么看，无论批评还是表扬。事实上绝大多数人不会关注到这些变化，我们只需要做一件让自己开心的事情就好，而无须过于关注别人的看法。

举例如下。

我今天准备做的从来没做过的事情是：<u>换一件看起来很好看的衬衫，之前从来没有穿过类似风格的衬衫。</u>

这件事对我的改变是：<u>觉得自己有一点不一样，体验了多样性。</u>

我从中获得的快乐是：<u>让自己觉得新奇而自信。</u>

下面请自行填写。

我今天准备做的从来没做过的事情是：＿＿＿＿＿＿＿＿

这件事对我的改变是：＿＿＿＿＿＿＿＿＿＿＿＿＿＿

我从中获得的快乐是：＿＿＿＿＿＿＿＿＿＿＿＿＿＿

关于"改变"和"快乐"这两项内容，写得越多越好。这样的行动每两三天做一次，实施三四周后，你会发现自己其实改变了很多，并更有信心能把事情做得更好，也更愿意把自己展示给别人，不管对方是否在意或喜欢我们。

第二阶段，观察一下自己的沟通方式，看看是不是否定类词组居多，包括与自己内心的沟通。

否定类词组包括"不""丑""难过"及"当初如果……现在就……"等，用一些肯定类词组来替代它们。这里并不是让职场新人在面对自己不认同的事情时都不能拒绝，而是让职场新人采取换个思路持续向前的方式来寻找更好的答案。比如，同事提出按照他的规划来推进工作，但你觉得他的规划并不好，说服他的方式不应该是"不，不能按照你的规划来做"，而是"我这里还有另一种方式，要不我们讨论一下"。

另外，在职场上否定类词组大多与过去相连接，而肯定类词组大多与未来相连接，比如人们经常说"过去我们不该犯这些错误"，而当说出"未来我们会犯这些错误"时，往往意味着人们认识到了问题，并准备规避这些错误。所以，沟通中的用词也要与未来相连接，大量采取未来式沟通。

举例如下。

我们经常对上级说：这个我做不出来。

改成：我看看可以用什么方法去做。

并不是上级安排的每项工作我们都能保质保量地完成，但是在任何上级眼里，一个员工自己想出办法，比完全没有办法和只知道问上级该怎么做要强。

我们经常对同事说：我只会这种解决办法。

改成：我们一起想想，还有没有其他办法也可以达到同样效果，甚至效果更好。

我经常对自己说：我不喜欢这个人对我的态度。

改成：<u>可能这个人并不知道如何处理人际关系，但我不会让自己也采取同样错误的方式来回应对方错误的方式，我会用正确的方式来回应错误的方式。</u>

我经常对自己说：<u>我在同事中并不出色。</u>

改成：<u>我能与这些优秀的人共事，说明我也有优秀之处。</u>

每个人都可以按照这种方式实践，每天至少找出三句可以将否定类词组改成肯定类词组的话，坚持一个月，我们会发现需要否定类词组的地方越来越少，而对肯定类词组的使用会越来越熟练，同时会以更加着眼于未来的方式看待过去和现在。

第三阶段，给目前的问题想一个解决方案。

特别说明一下，第三阶段必须在完成前两个阶段之后才能进行，不要心急地直接跳到第三阶段。

很多时候我们面对问题束手无策，并不是因为没有办法，而是因为我们觉得太难，丧失了解决问题的勇气与耐心。但第一阶段告诉我们做出改变并没有想象中的那么难，第二阶段则说明如果对事情抱有肯定态度，就一定可以找到更好的解决办法。前两个阶段教会我们的是，要做成任何一件事情，首先必须去做。只要开始做，做着做着，就会突然发现目标已经达成。

第三阶段的第一件事是找一个自己非常关注的问题，然后想出它的解决方案。

这个问题可以是最近在工作中出现的一个难题，也可以是某个兴趣爱好如何发展，还可以是选择系统地读哪方面的书等。

先写出一个方案，不要管这个方案在自己或别人看来有多可笑，再可笑的解决方案也是针对未来的，再深刻的总结也是针对过去的，只要针对未来，那就是一个好方案的开始。而且如果能认识到方案可笑，一定是源于其中有些内容有问题，但如果能为这些问题找到解决方法，那这些问题恰恰就是我们把方案做成的机会。

举例如下。

我想在本专业上进修，需要制定一个方案。为了制定这个方案，我需要解决以下问题：

1. 我需要达到什么目标？

2. 我身边的同学、朋友、同事都有什么样的进修方式？

3. 这些方式的优点、缺点是什么？

4. 是否有其他能够达到同样效果的替代方案？

5. 为了进修，我能够取得什么样的资源？

6. 为此我需要付出的代价是什么？

7. 预计什么时候启动？

8. 需要做哪些准备工作？

9. 这些工作什么时候开始，今天还是明天？最好是今天。

10. 这个方案还有什么需要改进的地方？

写出方案后可以慢慢改良，完美的方案都不是从一开始就完美的。最完美的方式就是先把方案写出来，然后每隔3天重新审视一下方案，把操作细节逐步丰满起来，让最初看起来很可笑的方案变得清晰，具备更多的可操作性，最终它一定会变成一个具备实施可能的方案。

小王从有成为分公司总经理的想法那天开始动笔。几个月后，他把方案交上去，很快获得了这个职位，所以花几个月时间不断对方案进行修改与完善是非常值得的。

| **核心第一条，知道我是谁** |

一段对话的启示

在形成了主动态度之后，职场新人主动做的第一件事情就应该是给自己做一个职业生涯规划。

不要说没有经验，经验本身就是靠经历来积累的，如果连开始都不肯，那经验从何而来？也不要苛求一切一定会按照规划发生，毕竟你有你的规划，而人生自有变化。同时，既然未来是尚未发生的事情，那就意味着没人能对未来进行 100% 的准确预测，毕竟从未来穿越回现在这种事只出现在电影或小说里。

要做职业生涯规划，最重要的一点是什么？我在人力资源管理生涯中的大部分时间都在思考这个问题，直到我和女儿的一次聊天，给了我重大启发。

2020 年，女儿即将本科毕业，她的规划是准备就业。虽然夫人对此有保留意见，更希望女儿继续深造，但意见也只能保留，女儿是一个非常有主见的人，没人能替她做决定。

就在那段时间里，我遭受了职业生涯中最密集、最无情、最不客气的各种怼①，这些怼均来自女儿。"这个行业你不懂！""这种技术面试你不了解！""事情根本不是你想的那样！"

将近 30 年人力资源管理生涯中，许多资深经理人都曾向我请教职业问题，我也经常到各地的大学分享毕业生职业准备和规划，每次都能博得满堂彩。但与女儿沟通时，我发现这些都失灵了，她直接怼断我的长篇大论，直至我意识到自己犯了一个常识性的沟通错误：**最好的沟通方式是听，而不是说。**

于是我开始花更多时间认真倾听她的困境、思考和方案，体会种种希望、失望和纠结，充分体验到了她身上的那份焦虑。

再遇到她征求意见的情况，我会反问："你觉得呢？"我知道女儿更需要的是鼓励和思路，而不是决定和答案。最终她在毕业前找到了一份满意的工作，开心地到 1000 多公里外的地方去入职。

复盘这段求职经历，她说："我觉得就找工作而言，无论外部环境如何，原本能找到什么样的工作，就还能找到什么样的工作，但外部环境稍差时要花更长时间准备，投入更多精力。有外部资源就拼外部资源，没有外部资源，自己就是资源。暂时没找到工作也不要紧，关键是要保证脑子不能松懈。人生漫漫，还愁没机会工作吗？关键要有核心竞争力。"

我问："你觉得自己的核心竞争力是什么？"

她说："学会认命和一直自信。"

"学会认命？！"我挺吃惊，小小年纪还有点宿命论。

"认命就是认清自己是谁、有什么资格、有什么资源，就要认这个命，不奢望，也别抱怨。"

---

① 怼，互联网流行用语，主要指用言语对他人进行反驳、攻击。

"那一直自信呢？是因为觉得自己实力强吗？"

"应届毕业生之间实力差不多，但实力也不是产生自信的主要原因。自信就是觉得一定能找到工作，哪怕很差的工作，只要你肯干，也找得到，然后在这个基础上，尽可能找自己认为比较理想的工作。"

"我理解你要表达的意思，**首先要清醒、深刻、全面地了解自己是谁、处于什么环境、有什么资源，放低预期，然后心态平和地准确定位并做出规划，最终发自内心相信并彻彻底底地执行这些规划。**"

"对，就是保持人间清醒，坚信自己能做到。有梦想，才可以有勇气。"

一个答案的感悟

女儿的话如醍醐灌顶，一下子冲开了我的心门，解决了一直在我心头悬而未决的问题：对职场新人而言，什么样的核心竞争力，可以跨越地域、学校、学历、专业等外在条件？

我多年研究大学毕业生求职前需要强化的能力和体验的经历，期望找到让毕业生获得相对优势的关键因素。但在研究和与学生的互动中我发现，每个个体都存在差异，有些人可能永远不会拥有我所描述的能力和经历，那就意味着这些大学生永远都不可能具备核心竞争力吗？

不，事实是许多没有突出能力和耀眼经历的大学生，在工作中也取得了很高成就。一定存在某种核心竞争力，不受外在条件的制约，所有人都可以平等拥有，只不过需要寻找并发现它。

通过与女儿的对话，我发现了这种核心竞争力。它没有门槛，即便没有深刻思想和渊博学识，每个人也都可以拥有，并得到独特的认知。最重要的是，这个答案一直就在我身边，几乎每次分享我都会提及，却一直对它视而不见。正应了那句话："众里寻他千百度。蓦然回首，那人却在灯火阑珊处。"

答案就是：**知道"我是谁"的能力。这个能力是每个毕业生求职时应具备和可以具备的核心竞争力。**

许多人会觉得这个答案简单得令人怀疑。我每次做分享，都会问在座大学生一个简单问题，这个问题是："人生的三大终极问题是什么？"学生们也都对这个问题的答案不屑一顾。

当有人回答"我是谁？我从哪里来？我要到哪里去？"，并得到我的赞许时，许多在场人员都报以诧异的目光，觉得这么简单的问题有人问，更搞笑的是还会有人厚着脸皮答。但越复杂的事情，就越要回到简单的思考。大学生在求职时，招聘者最想知道的问题恰恰就是"你是谁"，并通过了解"你从哪里来"，做出"你能到哪里去"的判断。

知道"我是谁"，才可能知道要什么

如今，求职竞争激烈，代表着易变性（volatility）、不确定性（uncertainty）、复杂性（complexity）和模糊性（ambiguity）的"VUCA 时代特征"更加明显，毕业生求职时焦虑感倍增。在这种纷繁复杂的外部环境下，找到具备不变、可确定、简单和明确这 4 个特点的事情将更加困难，也更加重要。

"我是谁"正是这样一件事情，知道"我是谁"则是毕业生成功求职的关键和核心竞争力。这一能力几乎可以应对求职中出现的所有问题。

当毕业生知道"我是谁"时，就会放弃做不切实际的梦，而会结合自身实际，树立可行的梦想。

当毕业生知道"我是谁"时，就不会妄自菲薄，而会看清自己正在变得更加优秀，感受到优秀背后强大的成长力量。

当毕业生知道"我是谁"时，就不会跟风他人、对所有可能都跃跃欲试，而会懂得取舍、方向明确、意志坚定、勇往直前。

当毕业生知道"我是谁"时，就会知道当前的自己与目标之间的差距，并具备发现路径的能力和实现目标的勇气。

当毕业生知道"我是谁"时，就不会幻想职场如同在家一样，事事有人操心，而会知道所有事情都要靠自己，别人帮忙是你的福分，别把福分当本分。

当毕业生知道"我是谁"时，就会知道与他人竞争中任何一种先天弱势，都意味着要付出更多努力；因为拼尽全力，很可能才够得着别人刚刚发力就能达到的水平。

当毕业生知道"我是谁"时，就会在求职中，通过"我最喜欢什么"确立方向感，通过"我最擅长什么"建立竞争优势，通过"什么对我最重要"进行决策管理。

知道"我是谁"并不容易，否则这个问题就不会成为一个困扰人类的问题，但它确实是毕业生进行求职思考时第一个要解决的问题。这个问题解决了，才会有更正确的态度、更准确的定位、更现实的考量、更深入的思考、更客观且实际的行动，最终找到最适合自己的求职目标。

工作一年后的女儿曾经跟我说，公司派她回学校面试应届毕业生，好几个求职者当场让她给做职业规划，看看自己适合什么样的岗位。她感慨："都已经面试了，还没有弄清楚自己是谁、自己适合做什么，怎么可能找到合适工作呢？！"

《孙子兵法·谋攻篇》中讲："知彼知己，百战不殆。"知道自己是谁，就胜利了一大半。

问清三个 W，看清"我是谁"

知道"我是谁"的关键就是要明白自己的三个 W。哪三个 W？第一个 W 是 What：喜欢做什么？第二个 W 是 Who：喜欢跟谁在一起工作？第三个 W 是 Where：喜欢在哪里工作？

喜欢做什么

"无兴趣病"很流行，但是请相信我，那么奢侈的东西绝对不属于职场新人。繁华世界的大门刚刚开启，一切都才开始，种种新鲜、热辣的事情尚未发生，这时候如果没有兴趣的话，那可真不是时候。所以，要问自己一个问题：喜欢做什么？

这对职场新人是一个很困难的问题，因为从小到大被问过无数次"作业做完了吗""这次考试得了多少分""是上这个辅导班还是那个辅导班（注意！没有人问你上不上，而是上哪个，并且是在指定范围中的）"，但确实几乎没有人问过自己刚刚的问题："喜欢做什么？"现在这个问题来了，对职场新人而言，可能又不知道如何回答了。

让我以导师的身份启发大家一下，比如做什么你最感兴趣、你的注意力最集中，会感觉时间匆匆而过？做什么最让你的思维天马行空，最终忘乎所以？等等，我看出你明白了，不过别激动，只写 3 个，写最先出现在你脑海中的 3 个，按照先后顺序写在白纸上，这就是你最喜欢做的 3 件事。无论它们可能看起来有多么不靠谱，但的确都是你喜欢做的事情，它们可能就是你的梦想和今后为人生创造价值的方向。

　　无数事例证明只有你真心喜欢做一件事，才能把这件事做到最好，因为在做好一件事的路上会有各种原因会让你放弃。比如困难和挫折，你在经济上、精神上、生活上都可能会遇到困难和挫折，连乔布斯这样的大牛，都曾经被踢出他一手创建的苹果，并且二次创业初期在多个项目上受挫，更何况我们这些大多开始时赤手空拳的人。然而为什么你能够无视这些困难和挫折，继续去做好自己应该做的事情？一个简单的原因就是你在做自己喜欢的事情。

　　从人类文明诞生以来，人们就一直在诱惑和虚荣这两方面犯错误，而在当今这个信息极度膨胀的环境中更是充满各种选择和可能。职场新人经常听到某个人因为某项机缘一夜暴富，于是开始心慌，接着就开始质疑自己的投入什么时候能够获得产出，接下来就开始研究某种自己不了解、不喜欢，但是据说能够快速成功的事情，最终一头扎进去，跟在别人屁股后面一路狂奔。这就好像超市里那个在不同付款队伍之间乱窜的人，不停纳闷为什么比他晚到的人都结完账了，自己还只能做队伍中的最后一个。

　　热爱是成功车队的方向盘和加油站，有了它，我们就不会迷失方向，不会丧失一直向前的勇气。追逐自己热爱的东西在任何时候都是有代价的，但只要你喜欢，并愿意为之付出，职业飞轮一定会从慢慢移动到缓缓转动，最终无可阻挡地快速转动起来。

喜欢跟谁在一起工作

喜欢跟谁共事呢？诸葛亮喜欢跟刘备一起工作，对于曹操这种一肚子主意、自信心爆棚、被火烧了战船后在逃命路上还嘲笑别人打他打得不够彻底的人，诸葛亮是不感兴趣的；而在刘备的团队里，无论从知识结构、性格特点还是工作技能方面，他都弥补了更爱冲锋陷阵的关羽、张飞、赵云这些武将的缺陷，找到了自己的最佳位置。

职场新人可能也有过对某件事并不感兴趣，只是因为里面有几个自己非常喜欢的人，或者干脆就是因为朋友要一起去做，自己才去做的经历。

想起来这些经历了吧？好，那么请回忆一下，喜欢这些人的原因是什么，是他们有趣，还是他们具备某些特殊的才能？是他们为人比较可靠，还是他们充满了奇思妙想？是他们乐于助人，还是与他们在一起能够把一件事情做成功？不管是什么原因，找出它们来，因为凡是拥有这些特质的人，与他们一起做任何工作都会是一次愉快的经历。

在管理学经典之作《从优秀到卓越》一书中，对于成就事业大致是这么描述的："先让合适的人上车，然后再决定去向何处。"[①]这句话精确描述了成功团队的状态，一群合适的人可以打造一个强大的团队，一个强大的团队也可以成就团队成员。

成熟的投资人都知道一个由合适的人组成的好团队是多么难得，曾经有投资人对一个来拉投资的创业者说："你们的项目我不看好，但团队很棒。项目我有，钱我也有，只要你的团队愿意，

---

① 柯林斯.从优秀到卓越［M］.俞利军，译.北京：中信出版社，2009.

这两样我都可以给你。"由此可以看出，合适的人在一起的价值是不可估量的。

喜欢在哪里工作

喜欢在哪里工作，不仅是喜欢在哪个城市工作的问题，还有喜欢在什么环境中工作的问题。

首先是大的地域选择问题：国内还是国外？都市、小城镇还是乡村？沿海还是内陆？外地还是家乡？认真筛选一下，至少不要让这些选择每天都困扰你。

接下来的问题是，室外还是室内？经常在一个地方待着，还是可以到处跑（注意，不是当导游去到处旅游，导游是一份工作而不是玩）？城市中心还是郊区地带（大型厂矿企业的生产环节多居于此）？更倾向于独立思考还是协调沟通？越正式越好（注意，要求是天天穿正装）还是无所谓？可以接受环境嘈杂一些还是需要安静？我遇到过一个人的辞职理由就是不能忍受与其他人在一个大的办公间里办公，而当这个人终于下定决心找一份新工作时，她成了优秀的高端产品销售人员，天天去拜访客户，除了回来核对订单，几乎不待在工位上。机构是选等级森严的（政府部门和大型国有机构）还是轻松随意的？选大机构还是小单位？

之后还有一些辅助问题，你希望跟什么样的人住在一个小区（当然是近期，不是将来）？你希望有什么样的文化生活？你希望工作以后还能有机会接触到什么样的教育，等等。

不要小看在哪里工作，这非常重要。就拿选择在哪个城市工作这件事来讲，以我在四线城市工作 10 年、在一线城市工作 20 年的经历及常年在国内各个城市出差的经验，我总结出一句话："选择了一个城市，就等于选择了一种生活方式！"

是否扎根于北上广深（北京、上海、广州、深圳）是多年来许多在一线城市生活的人不约而同谈起的话题。虽然选择不同，但有一个认知是统一的：北上广深的生活方式与自己家乡的不一样。在我看来，北上广深这 4 个城市也各有特点：北京大气有底蕴，上海精致有味道，广州包容有韵味，深圳崭新有活力，这些都意味着生活方式的不同。

看到了吧，就算身揣两元钱，心怀全世界，这番选择过后，目标环境也会立刻浮现；而这些环境最终将决定你在哪里，也将决定你从事什么样的职业和过什么样的生活。

找到另外两个维度：擅长什么与什么重要

在知道"我是谁"之后，就要去发现自己擅长什么、什么对自己最重要。

别说自己一无所长，没有人一无所长，就像周星驰主演的电影《国产凌凌漆》中，达闻西对凌凌漆说的："就算是一条底裤、一张厕纸，都有它的用处。"

我们至少可以从喜欢的 3 件事中发现特长。要发现这些特长很简单，只要在这 3 件事下面写上曾经投入的时间、精力和行动，看看自己为了这 3 件事做了什么，之后就可以根据自己做了什么判定由此获得了哪些知识、锻炼了何种技能、积累了什么经验。

比如一个处于青春期的小伙子，如果追过女孩子，那么一定了解了一些女性心理学知识、最新八卦新闻、约会地点及技巧、流行音乐或者杂志等各类知识，锻炼了演讲、写作、察言观色和使用双关语的技能，积累了被甩、甩人、承诺和拒绝的经验，以及不轻易放弃的精神和较好的心态。这些知识、技能和经验中至少有一半可以让其成为优秀的销售人员，只要带着向女孩子推销自己的态度把产品销售给顾客就可以了。

认真分析喜欢做的事情后，我们很快会发现自己在某些方面有一些从来没有注意过的特长。这些特长有时看起来是那么无关紧要，或者非常不靠谱，但是当乔布斯充满喜爱之情地学习书法时，他又怎么会想到有一天自己会凭借着这个特长创造出一种具有独特的现代美感的苹果产品设计文化呢？

如果我不是因为年轻时做过一段时间的文艺青年，又怎么可能写下以上的文字？虽然这些文字没有诗歌、散文那么优美，也没有小说那么引人入胜，但要知道，把心里想的写出来，其实也不是一件容易的事情。

找到什么对自己是最重要的，这件事情本身就很重要，而且是我们一辈子都要持续不断做的事情，因为在不同的人生阶段，最重要的事情也一定不一样，对不同的人也一定不一样。根据这个特点，可以得出以下 3 个结论。

1. 这件事无论如何都绕不过去，尤其是在人生中比较重要的选择点上，所以我们必须认真思考。

2. 没有必要给自己设定一个巨大的目标，不要妄想一次性解决人生的终极问题，需要解决的只是"现阶段什么最重要"这个问题，要活在当下。

3. 没有谁的"最重要"可以当作模板，所以自己想自己的，别人的都只是参考。

根据第 3 个结论，我也就不会那么不识相地给读者什么建议了，大家可以参考前面寻找自己"喜欢做什么"的内容中提到的方法；或者使用排除法，把重要的事情写在一张纸上，从相对不重要的事情开始划掉，留下最重要的事情，就可以了。

小结

我是谁、我擅长什么、什么对我最重要，这 3 个维度的问题在寻找职业的系统里建立了一个完整且立体的坐标系。把这 3 个维度的问题解决完，相当于在这个坐标系里定出了一个点，这个点就是标准。我们需要做的就是拿这个标准与各种工作选择做比较，最符合标准的那个工作就是最适合自己的。

有人看完这一章，可能会说："说了半天都是以自己为中心，谈的都是如何了解自己，了解了自己有什么用？重要的是心仪机构了解我才行，否则人家为什么要聘用我呢？"不错，如果你很深入地了解了自己，却没有让机构了解你，就好像企求神明让自己中奖，却连一张彩票都不去买一样，是不靠谱的。

但如果连自己都不了解自己，就好像去买彩票而不带钱一样。要知道，机构的招聘人员在招聘季里天天想的问题就是"如何找到合适的人"，如果求职者不了解自己，怎么向别人证明自己是合适的人呢？所以解决这 3 个维度的问题才是根本、才是道，其他的都是术。

做喜欢的事情能够让我们坚持到底，直到成功；做擅长的事情让我们迅速地取得成就感（注意，不是成就，是成就感）；做最重要的事情让我们知道自己的选择是正确的。这 3 点对职场新人而言，非常重要。

| 利用主动，实现超车 |

跟上机构的发展速度

每个想要在机构中获得更多重视、承担更多责任、取得更多成功的人都要学会形成自己的节奏，而这个节奏必须高于机构的需求，唯有如此才能实现自己的目标。

当然，在高于机构需求之前，至少要先达到与机构同频，跟上机构和部门的发展速度。为了实现与机构同频，需要问自己："机构每年都在成长，自己的成长速度至少要达到多少？"

以发展期机构为例，量化而言，如果每年没有 30% 以上的专业知识提升和更新，没有一项专业技能保持在本机构同专业人员的平均水平以上，就已经跟不上机构的成长；而如果每年没有 20% 以上的专业知识提升和更新，全部专业技能都在本机构同专业人员的平均水平以下，就意味着已经不称职。

在一个快速发展的机构中，工作是一件"痛并快乐"的事情，痛是因为机构发展逼着我们成长；快乐也是因为机构发展逼着我们成长，成长属于自身，任何人都拿不走。

如果员工不成长，从小处说会被机构淘汰，从大处说会被社会淘汰。每个人都要认真思考：

今年的计划是什么？

我们为这个计划做到了什么？

我们为自身成长是否尽了全力？

我们是否创造了符合现在岗位要求的价值？

评估这些问题的具体标准如下。

1. 业余生活中是否有30%以上的时间用于各种方式的学习？

只要是有益于身体和心灵收获的行为都是学习，比如每天上下班在地铁上少追两部剧，多听听各类知识讲座，不要觉得把业余生活中30%以上的时间用于学习是占用个人生活时间。

请问，不在业余时间学习，打算在什么时间学习？在工作岗位上吗？机构是在为工作成果付工资，不是请人来学习的。即便是处于高科技产业领域的华为也强调知识是员工自己应该准备好的生产资料。

机构会组织员工培训，但站在机构的角度，这些培训主观上是为了满足机构需要，客观上是引领个人提升某种机构希望其具备的能力。因此如果想根据职业发展需要发展自己的某种特长，要做的就是自主学习。

既然不能利用工作时间，又必须自主学习，就要利用业余时间来学习。上培训班是学习，看视频课是学习，读书是学习，在网上搜索行业、企业和专业知识是学习，跟朋友交流工作和职场上的心得是学习，甚至在超市里看看货品价格也是学习（人力资源工作者了解物价指数，行政后勤工作者了解办公用品价格），跟家人讨论对同一件事的不同看法也是学习（发现人与人之间思维的差异性）。

总之眼光不要太短浅，好像只有做完跟工作有关的事情才算学习。凡是有所收获的都是学习，因为只要用心，这些收获早晚会与工作相连接，所谓的"世事洞明皆学问，人情练达即文章"就是这个道理。

为什么是 30%？业余时间中睡眠时间（8 小时）不算，除去在公司的 9 小时，还有 7 小时，30% 相当于 2 小时。对上下班路途比较远的人而言，上下班路上耗费的时间可能就不止这么多，利用这么短的时间学点什么是一件很困难的事吗？不困难。会对职场新人的正常生活造成冲击吗？根本不会。

最后再讲一下学习方向，前面说了可以用各种适当的方式学习，但真正能够获得最佳效果的方法是把时间集中利用在一两个方向上，深度学习和体验，从而使你在这一两个方向上的能力得到提升。一天 2 小时，一年 700 多小时，如果将其分配到十几个方向，就好像把一盆水倒入海边的沙滩，看不出任何效果；而如果专注使用，则可以产生让自己都吃惊的效果。

2. 给自己制订的学习计划是否有 30% 以上的专业知识更新？是否执行了？

上面讲了，一定要集中在一两个方向上进行专注的深度学习。上大学时，一门课大概六七十个学时，一个学时大概 50 分钟，一门课相当于 50 多小时，再加上写作业、看参考书、备考及考试，再把工作以后学习能力有所下降的因素算进去，用 150 小时学习一门专业课，已经足够。

如果我们一年用 700 多小时学习，那要学将近 5 门专业课。如果从知识更新的角度看，那就不仅是更新了 5 门专业课的知识，还在所从事的专业方向上有 50% 以上的知识更新。难吗？也难，也不难，关键在于是否认真去做。不认真做，难如登天，还会觉得没有效果，进而觉得浪费时间；认真去做，则效果奇佳，从而发现和创造自己的优势。

一个与我同期毕业、被分配进入企业的财务会计专业的女生，被安排到财务部门工作。部门内别的女同事平时忙着逛街、谈恋爱、娱乐，她则在寝室准备注册会计师考试，结果一次性通过全部考试！

那几年我们这个企业的财务会计人员去报名注册会计师考试，一律被人事局考试中心的人笑脸相迎，而且必定会被问："认识某某吗？她简直太厉害了！"

3. 上班时间工作是否充实？

首先，9点上班并不是9点才走出电梯，再给自己沏上一杯茶，吃点路上买的早点，再去趟卫生间。

9点上班是已经在工位上，打开计算机，翻开笔记本，开始一天的工作。18点下班也绝不是18点在打卡机前排队，而是18点可以停止手中工作，开始关闭计算机，像整理工位、洗杯子这类工作都是18点以后才做的。

其次，是不是在8小时之内将精力都集中在工作上？

上学时每个人都知道，上课认真听讲的学习效果大大好于回家复习。工作也是同样的，认真对待工作中的每一分、每一秒，对于能力提升的效果远比回家后，在脱离工作场景的情况下再去复盘工作好得多。

不可否认，工作时间内的一分一秒都不去想工作以外的事情不太现实，但我们至少可以做到少聊一点与工作无关的事情、少走一点神。同时不要以为与同事之间过多嘘寒问暖、关怀备至是在搞好工作关系，与同事搞好工作关系的正确方法是在工作上帮助到同事，而不是天天在工作时间关心人家的生活，那种关心叫八卦。

在工作时间全神贯注于工作本身，自己是不是这个状态不用自己说，从呈现的结果就看得出。一千遍自说自话的尽心尽力，不如快速有效地拿出让上级满意的结果。

最后，工作上的充实既有结果的证明，也有心情的映射！

过了充实的一天，回家路上是开心的，不仅是因为快要到家了，更是为当天的工作而高兴。这种开心可能有些人一辈子都没有感受过，那既是他个人的悲哀，也是机构的不幸。

4. 是否充分具备完成目前工作的能力？

任职某个岗位，前提是具备了胜任这个岗位所需要的知识、技能和经验，但如果上级还是不得不把本属于我们自己工作范围内的事情交给别人来做，只要不是自己的手头工作多到已经无法承接其他任务，唯一的原因就是上级不相信我们能够在规定时间内把这件事情做完。

能不能把事情做完，表面上看是态度和能力两方面在起作用，从实际角度讲就是态度决定的。如果做不完是因为工作时间不够用，那加班了吗？有人可能会说又来 PUA，又来内卷①。PUA 是让人无偿加班，内卷是做无效工作，如果给了加班费，又做出了工作成果，那 PUA 和内卷这两顶帽子恐怕都戴不到上级的头上。

手头资源不够，那就向上级申请；不要什么都等着上级主动给，他又不是我们的秘书，天天等在身边准备随时递工具。向上级申请的资源合理且可行，他自然会帮我们；确实是不可抗力的因素导致申请不到资源，他自然也不会难为我们。

如果认为上级对我们的工作不了解，那我们让他了解了吗？向他详细解释自己的工作了吗？如果哪天他真的把我们叫到办公

---

① 内卷，互联网流行用语，指非理性竞争。

室，主动问起工作细节，那就是他对结果或进度相当不满，质疑我们的工作方式了，倒不如我们主动做好汇报。

还有一种职场小聪明千万不要要：有些人会把上级交办的工作稍微拖着点办，哪怕做完了，也不急着上交。他们认为完成这项工作，上级很快就会指派另一项工作，拖着点，可以少干点，压力也小一点，最好把上级拖到忘记了才是最高境界。一旦上级催促，理由早就准备好了，全部推给各种客观情况。

自以为是的人最大的特点就是以为周围的人都是傻瓜，上级在职场多年，早就清楚员工的各种小心思，只是不屑点透而已。点透那天，就是员工被淘汰之日。真见了棺材，落泪就来不及了。

5. 在过去一年里，上级的要求是否已经大大提高？本人是否已经达到这一要求？

上级如果没有更高要求，说明没有期望；没有期望说明在他眼里员工没有多少潜力。**更高的要求意味着更多的责任、更多的锻炼、更多的培养，而一旦达到这些要求，就意味着更宽阔的职业发展路径、更快的职位晋升速度和更好的待遇奖励。**

上级不断提出更高要求，有些员工觉得是一个展现自己的好机会，有些员工觉得是上级故意挑刺、没事找事。前者会认为只要证明了自己能够符合逐步提升的要求，越过了更有挑战的高度，提职加薪早晚会来；后者会认为只要自己干着跟之前标准一样的工作，到了年底奖金就不应该比别人少，工资自然就应该涨。在一个健康的机构和团队中，前者必然如鱼得水；后者则需要早点梦醒，因为天快亮了。

如果以上 5 个问题的答案都是"是"，那么恭喜你，你在过去的一年里有了成长，并能够适应现在的工作，在不久的将来也会受到更多的重视。

如果以上问题的答案只有 3 个或不到 3 个 "是"，你就要认真检视自己是否能跟上机构的发展，是否愧对自己过去一年的时间。

超越机构发展速度，创造个人发展机会

看自己是否能跟上机构的发展，不仅是要解决过去和现在的问题，更重要的是着眼未来。职场人在机构里的发展机会靠什么获得？处于快速发展阶段的机构，机会有很多；对忠诚于事业的人，机构也一定会珍惜，给更多机会。机会有被创造出来的，也有偶然出现的，无论哪种，一定只有准备得最充分的人才能获得。是否准备充分的评价标准如下。

1. 是否清楚接下来对自己的更高要求是什么，并使知识更新最低达到 30%，且熟练掌握一门技能（如外语或通过职业技能鉴定等）？

上级可以告诉我们更高要求是什么，但如果能主动发现这些要求，才能真正成为自己职业生涯的舵手。机构重点工作与我们的关联度、内外部客户的重要需求，以及部门今后的重点发展方向，既代表要达到的工作标准，也预示着可能出现的位置。

2. 是否已经完成使自己在一到两年内达到这一要求的规划，且这个月就开始实施？

发现了目标，就要审视自己现在的水平，两者之间的差距就是要走的路程。不要想一口吃个胖子，要马上开始行动，再好的期望不如现在就动手。

3. 是否已经开始了解更高职位的工作要求，并利用一切机会向正处于那个职位的人学习？

更高职位就摆在那里，有德有能者居之。人要有上进心，希

望自己今后能够获得什么职位，就要认真观察正处于这个职位上的人在干什么、怎么干，模仿、琢磨、思考，想明白他为什么先做这件事、为什么以这种方式做事、为什么要做到这个标准。想的时间长了，模仿的次数多了，琢磨的细节到位了，思考的深度足够了，这个职位自然就会属于自己。

4. 是否已经开始更加主动地配合其他部门工作，以便更加了解这些部门和让这些部门了解自己，并给他们留下良好的印象？

把《职位说明书》中所述工作职责完成了，只算一个合格员工，绝非优秀员工；就好像把自己所负责部门的工作完成了的上级，只算一个合格上级，绝非优秀上级一样。

任何岗位都必须与其他岗位配合才能完成一个部门的目标，任何部门都必须与其他部门配合才能完成一个机构的目标，概莫能外。多配合其他岗位，可以与其他岗位上的同事有更深入的相互了解；而多配合其他部门，则可以做到与其他部门的同事更和谐地相互支持。主动配合不但可以让多岗位、跨部门的合作更加顺利，还可以让同事觉得我们值得信赖，同时这些彼此配合和信任都是我们今后的资源。

5. 除了完成本职工作，是否能够给部门和机构提供更高的价值？

每个人都有自身价值，但成功的人追求拥有更高价值，并通过把这些价值提供出来，落实在工作上的形式，将自身价值转变成可衡量的机构和商业价值，从而向自己、向部门、向机构证明自己是一个高能力者，值得机构给予更大认可。

机构每年在设计待遇时考虑的是对这个岗位的期望，在岗位上工作的人的表现则是期望的变量。如果去年干得力不从心，想让机构有更高期望不现实；而如果曾经表现得游刃有余，并能主动提出新办法、新点子，机构一定会寄予更大期望，相应的就是更高待遇。当然任何更高待遇都需要更高价值的回报，当这个循环开始，正向的飞轮就启动了。

如果以上 5 个问题的答案都是"是"，那么如果我们能够坚持这样做，我们在任何机构里的明天都会更加辉煌。

如果以上问题的答案只有 3 个或不到 3 个"是"，就要认真检视自己在什么地方出了问题，如何才能把所有的答案都变成"是"。

曾经有一个应届毕业生被聘用为某公司的总裁秘书，这个职位听起来名头挺响，其实就是负责总裁日常行程的安排、工作邮件的收发、重要合同的保管及客人接待。

作为一名研究生，他做的这些事情并没有多少技术含量，许多人都等着看他干不下去：毕业后干的都是端茶送水、迎宾送客的事情，所学专业知识都用不上，能放平心态、做好事情吗？然而入职之后，他就表现了种种不一样。

例如，他在公司附近租了房子。要知道公司的办公地点在北京中关村，这个区域的房子大多数是老住宅，格局和外观以"小、破、旧"著称；又因为位置比较好，所以租金高昂。问他为什么要花这么多钱住在公司附近，其他员工在比较远的地方花更少的钱可以租条件更好的房子，他的回答是："住得近，便于加班。"

他不光这么说，也是这么做的，几乎每个晚上都在加班；并不是总裁安排的事情太多，也不是他的工作效率太低，而是他利用晚上时间把所有前辈留下的文件都看了一遍，掌握了更多的工作细节。

不仅如此，他还干了一件之前的秘书们都没做过的事情，就是在代为管理总裁工作邮箱时把里面的邮件都研究了一遍。之前的秘书只是根据总裁要求进行回复，对于没有提出要求的内容则很少关注。

这个秘书的行为很快引起了总裁的注意，总裁甚至会单独询问他对机构新推出的产品的意见，这时他会很认真地整理好思路，向总裁阐释自己的想法。除了以上表现，他还挑战了一些其他工作，比如休息日主动去一线做产品销售和客户服务。"我可以承担更多的事情。"这就是这个秘书用行动传递出来的信息。

第八章
专注能让我们做得更好

| 全部都要，等于没有 |

在毕业选定职业发展方向时，我曾经问自己一个问题："究竟想要什么？"

当时我面临两个选择，一个是被分配到一家全球500强的央企，做自己学了4年的工业技术；另一个是接受一家报社的邀请，做自己一直比较向往且为此磨炼了6年文字的记者。

过程比较痛苦，在两个选择之间，我徘徊了好久，最终选择了自以为比较聪明的方式：两项工作都要，专职做技术，兼职当记者。于是我开始了在工作时间学习技术，在业余时间为报纸撰写稿件的生活。

半年之后，上级找我谈话，问我最近在忙什么。我纳闷，觉得最近好像没有什么特别的地方，为什么会问我这个问题。

上级听完我的回答，笑了。他说："我问你这个问题就是因为你没有表现出特别的地方。我选毕业生时，发现所有人都去休息了，你是唯一一个还在那里埋头干活的人。作为所有毕业生的带队队长，你把最苦、最累的工作分配给了自己，因为这个我才把你要到我这里来，但这半年你表现得跟其他人没有什么区别，所以我才感觉奇怪。"说完这句话，他意味深长地看了我一眼，转身走了。

过了两天，我得到一个机会去采访当地的一位书法大家。我从小就在各种牌匾上看过他的字迹，满怀崇拜之情地叩开了他的房门，见到了这位鹤发童颜的老者。我们在窗明几净的客厅里相谈甚欢，他给我讲了自己是如何从外行成长为书法大家的。

"其实，我年轻时也做过一段时间记者。"他兴致勃勃地说，"但后来放弃了，做了一名语文教师，书法水平才有了小成。"

"为什么？"我纳闷，实在看不出做记者或教师对他的书法水平会有什么影响。

"因为我每天要练 6 小时以上的字。做记者，时间属于报社，随时准备进行新闻采编，连节假日或休息时间都不能自己做主，很难进行规划；而做教师，时间相对比较可控，下了课我可以用毛笔写小楷的方式备课，甚至批作业和卷子也用毛笔批。做任何一件事，要想做好必须全神贯注，要有充分的时间投入，才会精进。多投入 1 小时就多 1 小时的进步，一个字多写一遍就有单纯属于这一遍的体会。觉悟是靠时间积累出来的，没有任何窍门，凭什么不投入就要有收获，凭什么可以用同样的时间在多个领域有所成就？那岂不是太贪心了？在多个领域都取得成就的人毕竟是少数，除非是天才，这个世界上有没有天才，我不知道，反正我不是。我相信无论当记者还是书者，只要把时间投入其中一个，就一定会成为最好的；但不应该同时去做两件完全不相干的事情，那样到最后我什么都不是。"

那天晚上我第一次没有完成采访稿，更准确地说是压根没有动笔写。后来我先是不再做兼职记者，再后来退出了栏目主笔的行列，因为我知道，自己不是一个天才，无法同时成为出色的技术人员和优秀的撰稿人；而如果我想今后有所成就，就要学会放弃，过程会很痛苦，但结果则很理性。

是的，人生总会有许多选择，这些选择如同波涛汹涌的大海，年轻时人在人海中，选择滚滚而来，好像有无数机会可以挥霍，好像世界都属于自己；然而最终会发现，自己没有曾经抓住什么，因为它们太多了，让人无所适从。

假如有一天静下心来，回到海边，随便捧一掬海水，把它放入瓶内，带回家细细研究，就会发现，哪怕一滴水也是一个浩瀚无边的世界，让我们享用不尽。

所以在求职道路上，重要的并不是有多少个录用通知（Offer），而是最终是否找到了一份自己热爱的工作，要为此全力争取，并尽可能做到最好。

经典电视剧《大时代》中有一个情节，男主人公在股海与对手拼杀，手中资金仅够击溃对手所持五种基金的一种，他知道这五种基金中一定有一种是对手的死穴，但是是哪一种呢？时间一分一秒地过去，千载难逢的机会很快就会溜走。对手在狞笑，等待胜利来临。

电光石火的一闪，男主人公突然明白了，向对手说："我知道了，你之所以在每次股市交锋中都获得胜利，是因为虽然对手知道五种基金有一种是你的死穴，但到底是哪种谁都不知道。他们只能把钱分散开去拼，结果被你一一击败。但我不会这样做，我只会拼你五种中的一种，只拼一种，一拼到底，那时候你的死期就到了。"

对手当时就大惊失色，但还是强打精神问："你想拼哪种呢？"男主人公说："任何一种！"最终男主人公获胜。

我从来不接触股市，不知道电视剧里的这种情况是否可行，但我知道在职场中要取得成就只要坚持一条"专注"，就可以打败无数对手，取得想要的一切成就。

｜ 想要长高，根深枝少 ｜

先有根基，才能树立

　　经常有一些刚刚工作一两年的年轻人向我咨询职业生涯规划的问题，问我是不是该从现在的岗位转到另一个岗位，或者从现在这个机构跳到另一个机构，甚至是不是应该放弃现在的工作去创业。

　　面对一张张被职业选择搞得焦虑万分的脸，其实我内心非常郁闷，实在不忍心浇他们一头凉水，但又不得不浇下去。我经常反问回去的是："难道你有选择的权力吗？现在的你无论换到哪个岗位、哪个机构，不都是从一个小角色干起吗？为什么还要跳来跳去，而不是把100%的精力投入正在做的事情来证明自己呢？"

　　基本上所有人都会被我这个反问问得满脸通红，好像受到了巨大侮辱，有忍不住的就会激动地问："难道我跳到另一个机构也只会是小角色吗？有那么多人不都是通过跳槽才获得更高的职位和待遇吗？为什么我不行！"

　　我要告诉职场新人，别人的经历与现在的你无关，别人站在风口上能飞起来，职场新人站在风口上肯定会被吹跑。为什么？因为职场新人根基太浅、质量太小，站在风口上，最终只能成为别人辉煌成就的背景，就好像武侠小说中高手出现时被卷起的风沙，看起来好像挺威风，其实都是为了衬托别人出场。

刚刚毕业一两年的职场新人，请问一下自己以下问题：

1. 在工作中学到了什么技能？

2. 吃了什么亏？

3. 遇到了什么困难？

4. 解决了什么问题？

5. 想出了什么好点子？

6. 从上级、同事、客户，甚至竞争对手那里学到了什么知识和经验？

7. 建立起了什么优势？

8. 发现自己有什么弱点？

9. 树立了什么目标？

10. 自己与目标的差距在哪里？

11. 如何缩短差距？

12. 有什么计划？

13. 为这个计划，比别人多付出了多少？

如果回答"我不知道"，麻烦再想想；如果想了半天，什么也想不出来，或者只想出来只言片语，而且这些只言片语，要么自己都说服不了自己，要么被人家三两句话一问就哑口无言，我劝你就别想着自己还有其他职业选择了。赶紧回去，好好工作，多多积累，等把这些问题解决了，就具备可以进行职业选择的本钱了。

你有什么喜好或事情是单独坚持了 1 万小时，并且在这个过程中不是简单重复，而是不断学习、体验、提升的？大概只有吃饭、睡觉这两项能够积累到这个时间吧？因为即便是每天工作 8 小时，把一年所有工作日全部算上，你也需要 5 年才能有 1 万小时的工作经验，而你才工作一两年，有什么本钱来做选择呢？

我要对工作时间不长的年轻人说的是"多打点根基，少想点选择"。一个人没有根基或者根基很浅，无论对职场或创业场来说，这个人都没有多少价值。所以职场新人看起来好像有无数选择，其实是没有选择的。

我见过太多一直在定位，一直在徘徊，一直在跳来跳去，却离成功越来越远的案例。其实说穿了，许多选择不就是想走捷径吗？不就是想用比别人更少的时间做成比别人更大的事情并获得比别人更好的待遇吗？不就是想着"努力你去，收益我来"吗？

凭什么呢？就凭这一两年风平浪静、岁月静好，自己也很爱惜自己的职业经历？就凭读书不多，想得太多；学得不多，说得太多的生活体验？就凭因为一个小挫折而情绪波动好几天，因为上级一句狠话、同事一个眼神，脸就拉得老长的胸怀？就凭这点根基，给你一个事业，能干多大也可想而知。

无论机会有多少，凭借自己的能力真正能抓住的也不过是寥寥几个，但是哪怕仅仅抓住一个这样的机会，做到真正地好好利用，也就足够了。

要做一棵大树，就要把根深深扎入土地，以便获得更强的根基、更多的营养；就要把枝杈删繁就简，以便向广阔的天空伸展出坚强的树尖。

地之不附，何能登天

网上有一篇文章，叫《我用 24 次离职，换来 6 条血一样的教训》。看了题目，我想大家就能猜到大致内容了，其实我个人很怀疑文章的真实性，24 次离职才明白 6 条教训，这个人的神经未免太大条了！

而且考虑到文章中的 24 次离职是发生在 5 年内的，那么他在第 10 次辞职后，除非伪造简历，应该已经无法找到一份像样的工作，因为没有一个招聘人员会允许一个在两三年内就换了 10 次机构的人通过简历初选。

许多年轻人一直在思考与选择，以为下一个工作可能待遇更好、职业前途更光明、机会更多，自己绝对不能错过。其实，哪儿有那么多看起来很美好的机会，现实生活中更多的是通过努力把机会变得很美好。

朋友向我推荐他的亲戚—— 一个刚刚毕业的大学生，看看能不能给这个孩子一个工作机会。这个孩子就住在朋友家里，没有每月交房租之忧，也无须担心一日三餐。

在这种情况下，有的人可能想的是尽快独立，不给亲戚添麻烦；有的人想的是反正基本生活有保证，那就要多选择和考虑一下；有的人则放下行囊，准备依靠亲戚。不巧的是，这个孩子是最后那种人。在推荐给我之前，朋友帮他找了一份程序员的工作，因为感觉太累，他做了一段时间就不做了，窝在家里。白天朋友上班，不知道孩子在忙什么，反正就是看他天天晚上在客厅里盯着电视，有计算机不去看，霸占着客厅最大的电视看节目，因为过瘾。

我给这个孩子提供了一个可以从头学起的岗位，上了两天班，第三天朋友给我发了一条微信消息，说是孩子不想去了，原话是"我还是再找找工作"，理由是"现在这个工作没问题，但还是要再想想自己要干什么"。朋友很无语，向我道歉。我也很无语，因为又遇到一个以为自己有好多机会的应届生。

　　30 年的职业生涯告诉我，无论是身处哪个职业阶段的职场人，都不可能拥有好多机会。刚刚毕业的职场新人最没有机会，因为技能与经验都有限，可替代成本很低，人家为什么非要把机会给刚刚走出校园的职场新人？

　　这时候还没有想明白自己要干什么，还在慢慢想的人，其实就是因为有吃、有喝、有住。我多年前面试过一个年轻人，在谈话中我注意到他是一个挺有悟性的人，并且对工作充满渴望，于是我给了他 Offer，因为我相信对工作的渴望比什么样的职业规划都鼓舞人心。

　　后来这个年轻人跟我说，他之所以这么渴望这份工作，是因为他快没钱交房租了，当时只要能得到一份工作他就会发誓珍惜，而遇到我他感觉很幸运。

　　是他很幸运吗？不，是我很幸运，遇到了**一个认为自己没有多少选择的人，只有这样的人才会对目前拥有的极其珍惜，才会对一个认定的选择坚持到底**。

　　这个年轻人经过无数次锤炼、考验和调动之后，现在已经成为集团高层兼任地区校长。如果当年他觉得自己选择很多，绝对不可能走到今天，也不会形成对选择坚持到底的习惯。

| 资源有限，才能成功 |

当无限投注于有限

许多人认为只有在资源充足时才能做事，才能做成事。我常常听到"如果再给我一段时间""如果再多一些资金投入""如果领导不是那么苛刻""如果时机更好一些"这样的话。

根据多年经验，我心里清楚，即便这些"如果"都实现，也不能改变最终结果。指望着通过无穷无尽的资源成功的人，根本就没有成功的可能。

我看过一部描写日本"寿司之神"小野二郎的纪录片。他的店位于写字楼地下室，是一个只有 10 个座位的小店，店里甚至没有常规菜单，只经营寿司，并且价格也取决于当日选用的食材。

员工数量有限，除了他和他儿子，还有两三个帮工。

员工的职业发展有限，继承衣钵的两个儿子，小儿子 40 多岁才可以自己出去开分店。大儿子都 50 多岁了，还在给父亲打下手，每天亲手烤制做寿司的紫菜，以至于连小野二郎的弟子都替大儿子打抱不平。

另外结合前面的叙述，是的，你没有看错，小野经营的寿司店只有两个，一个总店，加上一个分店，所有徒弟出去开店一律不得以"小野"命名。

但就在有这么多种限制的情况下，小野二郎的寿司店却成了名登米其林三星的名店。米其林三星是什么概念？是"值得花一辈子排队等待的美味"，世界各地的食客慕名而来，哪怕需要提前一个月订位，哪怕一餐只给 15 分钟，哪怕人均消费 3 万日元起，吃过的人还是会感叹这是"值得等待一生的寿司"。

正是因为菜品少，所有原料都是由长期合作的商户当天提供的，保证了品质稳定、口味新鲜。

正是因为店面小，每个寿司都是由小野二郎父子亲手制作的，保证了操作精细到位、手法老练。

正是因为员工数量有限，所以员工工作的每个操作细节小野二郎都了如指掌，保证了每道工序都能达到他的标准。

正是因为员工的职业生涯有限，除了大儿子 30 多年如一日反复打磨做寿司的技艺，其他帮工也是把所有时间都投入自己负责的那部分去，心无旁骛、专注始终。

正是因为只有两个店面，小野二郎才有足够时间去时不时看看分店寿司的品质是不是能够达到他的要求。

就这样，小野二郎用极其有限的资源把他的店经营成了寿司的象征，他自己则成为师傅中的师傅、达人中的达人。

为什么小野二郎可以把寿司做到这种境界，我个人认为原因很简单，因为他的资源有限。可以想象，如果从业资源丰富，那他还会 50 年如一日地去做寿司吗？如果店面什么菜品都经营，他能把寿司这种简单得不能再简单的食品做成一种极致美味吗？

我去过许多经营南北大菜的菜馆，我感觉，最终出名的就是那么两三个菜品，其他的都平平无奇。如果菜馆规模庞大，那必须雇用更多的人来做事，是不是每个人都能够把自己负责的事情提升到一种艺术境界？

正是因为资源有限，才成就了小野二郎这位"寿司之神"，让他在有限的选择之下走得足够远、足够高，最终一览众山小。

短缺造就成功

小野二郎是个例吗？要我提醒一下大家苹果那一张桌子就能摆下的产品吗？要我强调一下杰克·韦尔奇说过的"GE 不在全球前三的业务都应该裁撤掉"这句话吗？如果说小野二郎是因为没有能力取得更多资源，那么这两个完全可以被称为伟大的机构则是亲手放弃了许多其他人看来非常难得的可选择资源。

要想做事，首先要想清楚做什么；要想做成事，则要想清楚不做什么。只有想清楚把自己有限的资源限定在什么范围内，才能做出精品，才能把事情做成。

一个失败的管理者离开前对我说："之所以没有做好，是因为竞争对手早于我们进入当地，同时手段太过下作；客户对我们的品牌还不熟悉；前任负责人没有打下良好基础。"

按照这个逻辑，是不是只有成为某个区域的第一家进入机构，只有客户天天能听到品牌的名字，只有竞争对手温恭谦让，只有前任留下金山银海和一支现成的团队，才能做好一个机构？那这个世界上 99.99% 的机构都不应该存在，因为无论做哪个行业，里面至少也会有数以万计的先行者。

刚刚开始创业，就不要指望别人听过我们的品牌；进入一个行业，就等于要与人分一杯羹，谁会不急？哪个行业里全是君子？

我 30 年前刚刚在央企工作时，听工人们嘲笑一件事因为各种条件都具备、各种资源都丰富而太过容易做成时，会这么说："给狗一块大饼，狗都能把这件事干了！"

等资源齐全了才能做事？只有资源充足才能做成事？这个世界不是为我们单独准备的，还是放下这些念头吧。所有资源都是别人给我们的，要我们何用？所有资源都齐全了，为什么让我们做？

只有缺少资源还能把事情做成，才能证明自己的价值，个人价值就是做成的事情与拥有资源之差。职场价值就是这么一道简单的数学题！

| 为大事来，向小事去 |

以小事情积累大事业

事业上专注的极致是什么？是细节。细节是什么？是小事。

许多年轻人每天如饥似渴地想做一件大事，我年轻时也一样，总把耳朵竖得直直的，眼睛瞪得大大的，随时希望遇到一件大事，从而一展才华、大展拳脚。有了这种心态，一看到上级派来的小任务、小事情就心生烦躁，心想为什么总是把一些鸡毛蒜皮的事情交给我，难道我不堪大用吗？

经过 30 年的职业生涯，我要对曾经的自己、现在的许多年轻人说一句："是的，你真的不堪大用，因为不屑于做小事，所以也根本无法做大事！"

去餐馆用餐，如果使用卫生间时发现里面脏水横流，令人无法下脚；恶臭无比，令人不敢呼吸；遍地污渍，令人作呕，回到座位面对美食，还能胃口大开？同时真会相信这家餐厅的厨房环境洁净、食品干净？打扫卫生间也许是一件小事，但有多少雄心勃勃的餐馆败在了一个污秽的卫生间上呢？

二十几年前，我跟一位铁路运输公司的总经理打过交道，听说这家公司在他担任总经理之前因管理不善，出现过各种各样匪夷所思的事故。最离谱的是，有一次火车司机入库时走神，结果驾驶着火车头冲出轨道，撞倒院墙，直接冲进了公司隔壁的一户民宅。当时那家人正在吃晚饭，就听见几声由远及近的巨响，接着一个火车头赫然出现在了院子里。

所以在接到那位总经理的参观邀请时，我心里其实不以为意，心想一堆火车头和车皮有什么好看的？而且他居然说邀请我参观维修车间，我看过许多修车的地方，都是油污满地，一群满身油污的维修工忙前忙后，所以心里更是一百个不情愿。

出于礼貌我跟着他去了维修车间，但是当我进入操作现场时，我惊呆了。我从来没见过这么干净的火车头，要知道这家公司当时使用的是烧煤油的内燃机车，运输途中翻山越岭、过桥钻洞更属于家常便饭，一路下来满身征尘和油污是正常的事情，而眼前的机车油光锃亮，一尘不染。

我也从来没见过衣着如此整洁的维修工，工作服统一不说，从领子上看得出他们居然都穿着衬衫，这与我见过的许多赤裸着上半身的重体力工作者的形象大相径庭。最重要的是，当他们检修车体底部时，居然面无难色地迅速钻进车子和铁轨之间，出来时身上也没有灰尘。还有就是他们的工具，十来个人使用的几十种工具沿着车身一溜排开、整整齐齐，朝向车身的柄端都在一条直线上，好像被装进了一个统一的工具袋。

我伏下身在铁轨上摸了一下，发现上面没有任何污迹。我特别吃惊，问那位总经理："这真是维修车间？"

总经理看到我不相信的样子，带我去了另一个厂房，我看到几个工人正在同一侧用高压水枪清洗刚刚进库的火车头，那种认真劲，好像在给自己的孩子洗澡。

总经理跟我说："美国安全工程专家海因里希分析过 5000 起

工业事故，最后得出一个法则，就是每一起严重事故的背后，必然有 29 次轻微事故和 300 起未遂先兆以及 1000 起事故隐患。但只要机构养成从来不轻视任何小事的习惯，就会把那 1000 起事故隐患都杜绝掉，由此至少可以造就一个不出事故的机构。如果我们把所有小事再做得好一点，哪怕就好那么一点，那么所有的好加在一起，我们就有可能成为一个优秀的机构。"

事情已经过去多年，那位总经理的话我至今记忆犹新，因为后来的职业生涯里我多次见证了这席话的正确性。

是的，这席话并不是源于管理大师，也不是出自某个叱咤风云的大企业家，但是它道出了一个成功机构和一个成功的人的成功之道，就是从小处、小事着手，之后把每个细节都做得好那么一点点，这件事情就会成为一件出色的事情；出色的事情积累多了，就成为一件伟大的事情；伟大的事情做成一件，就是一个了不起的人。

世界上能够称为伟大的人与事无一不是这么造就的。没成功，是因为在心中先让自己"伟大"了，太把自己当回事了，所以无法弯腰来做一些小事。小事不成，大事焉立？小处随便，何堪大用？

要想在事业上优秀，就要有深厚的专业知识，才能完成相对复杂的工作；但深厚的专业知识不是在歌厅、商场、电影院、游乐场中能得到的。我并不反对年轻人想娱乐的需要，但是想获得一些东西就要放弃另一些东西，或者至少要有节制，不是吗？

除了专业知识，还要有相应的技能，这些技能从哪里来？唯一的方法是不断重复，再好的书也不会让人读完就掌握一项技能，就好像不要以为对照着网上的菜谱做了一道小吃，自己就成了厨神。

至于必不可少的经验，则更是需要在小事上磕磕碰碰、举一反三才能获得的。

人生为一大事而来，但是要做成这件大事，必须把一大堆小得不能再小的事情做好，最终才可以从芸芸众生中脱颖而出。因率队开发了微信而名声大噪的张小龙据说早在十几年前，在 IT 技术界就是神话一般的存在，他说过一个 "1000、100、10" 的理论，就是 "每周要看 1000 个帖子，看 100 个博客，做 10 个用户调查"。注意，是每周，持之以恒，才能成为一个专家。

所以，现在请挽起袖子，从小事做起，从现在做起；因为手头的这件事情、现在这个时间点，就是今后成功开端的里程碑事件和历史时刻。

小事情也可以倾覆大事业

> 少了一枚铁钉，掉了一只马掌；
> 掉了一只马掌，瘸了一匹战马；
> 瘸了一匹战马，败了一次战役；
> 败了一次战役，丢了一个国家。

这是一首古老的英格兰民谣，叙述的是一段真实却又无情的历史。

为抢夺英国国王头衔，英格兰王室的理查三世与兰开斯特家族的亨利伯爵进行了长达 30 年的战争。1485 年的冬季，在博斯沃斯城郊的荒原上，双方开始了最后一场决战。

两军对垒，理查三世以两倍于敌的兵力取得了优势，但就在快要取得胜利之时，突然战马打了一个趔趄，理查三世跌翻在地，正在激战的士兵误以为统帅中箭阵亡，顿时军心大乱，慌作一团。亨利伯爵趁势大举反攻，杀死了失去战马的理查三世。

为什么理查三世的战马会在如此关键的时刻打趔趄？原来，决战前夕，马夫在给理查三世的战马替换铁掌时，发现少了一枚钉子，一时寻觅不得，但战役马上就要开始，便草率地将就着过去了。

谁能料到，就在发起总攻的关键时刻，那只少钉了一枚铁钉的马掌偏偏松掉了，马失前蹄，理查三世摔倒在地！理查三世摔倒在地，金雀花王朝灭亡，英格兰改朝换代，都铎王朝建立。

| 小工具

职场专注力提升办法

1. 我在哪方面的专业能力位于本机构专业人员平均水平以上？

2. 我还有哪些方面的能力有助于强化擅长的专业能力？

3. 我有哪些机会，能够锻炼这些专业能力？例如，写作能力不仅能够通过日常工作训练，还可以通过业余撰写一些行业、专业文章来提高。

4. 我在工作或业余生活中准备拿出多少时间和精力不断强化自己擅长的专业能力？

5. 这些专业能力还能为部门和同事作哪些贡献？

6. 这些贡献如何进一步提升我的专业能力？

7. 制定落实以上问题答案的规划。

8. 我如何督促自己落实？

这些问题同样可以用于提升在知识、经验等方面的专注力。

第九章
学习能让我们成长得更快

| 没空学习 = 不想学习 |

从 20 多年前的一个晚上开始，我就再不敢说自己没有时间学习了。在此之前，我经常向人慨叹："现在应酬太多，忙得连看书的时间都没有了。"说这话，一半出于无奈，另一半恐怕还出于以为自己是成功人士的得意。

之所以再不敢说，是因为我的一位朋友，他比我大 15 岁，当时担任一家国有建筑企业分公司的经理。在所有 11 家分公司中，他所负责的分公司承包了全公司业务的 50%，其他 10 家分公司没被撤销的唯一理由就是，由于分布在一个比较大的市场中，它们可以靠着长期建立的人情关系揽到工程，而揽到工程之后通常都是由我这位朋友负责的分公司来做。这个朋友每天的生活像被无形的鞭子赶着，"忙得像一条狗"——他这么形容自己。

每次都是有问题需要我提出解决方案和协调资源时，他才会到我的办公室坐一坐；而假如我们谈话 10 分钟，其中有 5 分钟必定是我看着他打电话。他配了两部手机，一左一右，左手移动，右手联通，有时候他对左手说"你先等一下啊，我这里有一个电话"，之后接起右手的电话。通常这时候我就坐在对面纳闷，人怎么可以这样生活呢？他还有做其他事情的时间吗？

那个晚上他神神秘秘地找到我，说请我吃饭，之后硬拉我到当地最豪华的饭店，整个包间里只有我们两个人，我问他："你哪根筋搭错了？就咱们两个人，花这么多钱，还不如到路边吃烤串、喝啤酒来得痛快。"

他说："今天我高兴，这是庆功宴，我通过了监理工程师考试。"

我听了目瞪口呆，我所认识的人中有很多都报考过监理工程师，但通过者寥寥，原因是需要两年内通过 4 门功课的考试，每门都是厚厚的一本书。这老兄是超人啊！"你通过了考试？开玩笑吧？你什么时候看书啊？"我问。

他从随身携带的包里拿出了一本翻得破烂不堪的书来，说："我每天坐在汽车里去工地的时间其实很多，还有开会的时间，晚上 11 点后就不办公了，我还可以看书到凌晨 1 点。"

热汗从我的额头冒了出来，我当时的感觉是想立刻跳起来，回家把没看完的那本《MBA 课程——财务管理》看完。我看它的第 1 页已经有两个月了，都可以把第 1 页的内容背下来了，然而许许多多或必然或偶然的原因使我用了两个月的时间还是没有翻到第 2 页。

有一次，我夫人说："你就别捧着一本书在那里躲家务了，有那工夫给孩子讲一个故事也比这么看书强。"

那顿饭让我食不下咽，面对美味如鲠在喉，离开酒店时，服务员用异样的眼神看我们，这大概是她接待的时间最短的宴席，加上等菜的时间，我们一共在包间里待了 30 分钟。朋友开车送我回家，一进家门，我急忙找到《MBA 课程——财务管理》，翻开了第 2 页。

从那天起我就不敢说自己没时间学习了，接着我发现一个事实：虽然我还是有很多应酬，但有一些我完全可以推掉。事实证明，能被推掉的应酬一定是不重要的应酬，利用空出来的时间，我学习到了不少知识，同时也给我的女儿讲了许多有趣的故事。

虽然每天工作繁忙，但我们不可以让心灵荒芜，寸草不生。**读书就是播种，大脑就是泥土，只有花时间把一颗颗种子撒下去，才可能看到春暖花开。**

上下班通勤时间比较长，我可以读书和听各类讲座。本书的内容几乎都是我在通勤路上、读书之余构思出来的。出差路上时间长，可以学习。年轻时读《资治通鉴》（四卷本），觉得厚厚的四本实在很难读完；后来有一段时间我经常出差，那时还没有动车、高铁，出差都乘坐绿皮火车，路上往往需要 10 多小时，此书的厚度就成了优势，因为可以不必带太多的读物，一本就足够出差往返看了。别人在出差路上打扑克，我则把时间用来看书。

后来坐高铁和飞机出行，我有时带着计算机办公，但飞机起飞、降落的半小时都可以用来学习。等人的时间也可以用来学习，这样无论对方是否准时，都能以宽容的态度对待，因为你至少没有浪费时间。洗澡时，我一般用 App 听书，热水加好书，在精神和身体上都是一种享受。

想学习一定有时间，没时间这个理由是假的，本质就是不想学。

| 做好规划，时间很多 |

我有一份业余时间日程表，可能许多人对设计这个日程表的行为不以为然，也可能有人听说这个日程表就嗤之以鼻了：业余时间要什么日程表？！业余时间就是用来休息的，甚至是用来挥霍的，为什么设计日程表？设计日程表，业余时间就成了非业余时间了。

但对不起，我确实是要为业余时间设计日程表的，因为除了在办公室里面的时间，其他时间都是我的业余时间。由于不开车，每天坐地铁上下班的路上，我会用手机听从网上下载的各种在别人看来博杂，但在我看来有意思的东西，比如我就利用这个时间每周固定使用几个人文、管理类讲座的 App。同时，每天上班路上，我一定会用 10 分钟把当天的重点工作梳理一遍；而在下班路上，有 10 分钟是属于总结当天工作的，反正闲着也是闲着。

周五下班后，我一般要规划周末日程表，为了让日程看起来更加直观，我特意买了一块很大的白板，放在书房里。在睡觉前，我会与家人一起规划好周末两天要做的事情，把购物、健身、做家务、读书、工作的时间都清晰地在白板上列出来，包括用多长时间做三餐和吃饭，同时会把可能耽搁的时间都大致计算出来。

周末，我按照日程表规定的时间起床，把日程表里列出的条目一项一项地做好，做好一项擦掉一项。有需要与家人一起做的，就和家人一起把它擦掉。有突然想起的事情，就见缝插针地放进表里，或者取消某一件不重要的事情。周日晚上我心情愉快地把日程表最后一项擦掉，然后开开心心去睡觉。

另外，作为高层，基本上没有人可以将工作与生活完全区分开，我也不例外。所以周末无论是不是在办公室，我都会安排一些工作时间，用于安静思考，或应对一些临时工作，比如我所有内部培训的提纲制定和外部讲座的准备都是在业余时间进行的，因为只有无人打扰的时间才能让我去想讲什么和如何讲才对得起听众的时间。

我不想重复鲁迅先生说的那句话"哪里有天才，我只是把别人喝咖啡的时间都用在写作上罢了"，因为我在业余时间并没有做什么有伟大意义的事情，只是将去超市购物、游泳散步这些事堂而皇之地放在日程表上。前者解决生活问题，后者解决健康问题。

我也不想给大家讲所谓的"业余时间决定了你是否成功"这样的励志故事，我设计日程表的目标只是好好利用自己的业余时间，把业余时间过得专业一点，至少不要在工作日的晚上和休息日回到家除了看手机和电视不知道自己还能做什么。我只想让自己在业余时间中多做一点对自己有益的事情，而不至于在周日晚上临睡前想起一大堆该做却没做的事情，对自己说"又荒废了两天"，之后到了下个周末继续这个状态。

所以，大家看一下，其实我对自己的要求不高。但是，这种业余时间的日程表确实带给我许多东西，这种把业余时间过得专业一点的小目标往往有些意外的回报。

比如，在地铁上用 App 听各领域的知识，使我的知识和思维体系不断更新、升级，更加贴近社会的发展和世界的变化，甚至清华 EMBA 考试的准备我都是在地铁上做的。

比如，每天工作之前和之后的计划和总结，让我形成了不断验证自己行为和结果的习惯，从而提高在工作中的判断力，并给了我更多找到捷径的可能。顺便说一下，这也是我坚决不开车的原因之一。

比如，规划好周末的时间，我就能同时满足家人和自己的更多需求，从而达到一种平衡。拿出更多时间研究如何做一顿可口的饭菜给我的家人吃，让他们也享受到日程表的红利，他们也就不会反对我在书房或客厅花时间进行一些工作方面的思考。

再比如，这篇文章就是我利用休息时间写的。

这些通过设计日程表而额外得到的时间，就算我多出来的生命，让我获得一种突然得到一个小奖励时的喜悦，也让我觉得自己生活得格外踏实。

案例如下。

周六	
7：30 起床（工作日是 23：00 前睡觉，6：30 起床，周末会延长 1 小时睡眠时间）	即便是休息日也不要对作息时间改变太大，过晚睡觉对已经习惯了固定时间休息的身体不好。
7：30—8：30 洗漱、做早饭、吃早饭	要按照平时的方式来度过周末的早上，吃早饭是一个好习惯，要养成并保持，对身体有好处。
8：30—9：30 做家务	自己或与家人一起做家务是一件很开心的事情。不要轻视做家务在家庭中的作用，尤其是许多男士打心眼里看不起做家务，好像做家务是件丢人的事情。我看过一篇文章，里面说与家人共同做家务能够促进家庭和谐，更何况刚刚吃完饭也不宜运动或工作。做家务这项"运动"不剧烈，看着干净的环境自己也有成就感。

（续表）

周六	
9：30—11：00 处理工作、写作或者看书	许多高层管理人员在周末都是要工作的，这虽然并不是一件太值得自豪的事情，但也是必须面对的现实。上午精力最充沛，处理工作效率也最高。毕竟购物、休闲这些事情并不一定非得上午做，而如果利用效率最高的时间工作，可以节省出更多时间来做其他生活上的事情。如果没有工作上的事情，利用这个时间写作或看书也是一个不错的选择，事实上我的第一本家庭教育图书《和孩子一起定制未来》就是利用上下班时间构思、写提纲，利用周末的时间来完成写作的。
11：00—11：30 吃水果、适量运动	上午一定要吃点水果，进行适量的室内或室外运动对缓解工作疲劳也很有帮助。
11：30—12：30 处理工作、写作或者看书	
12：30—14:30 做午饭、吃午饭、打扫卫生	周一到周五的上班时间，大多数时候午饭都在外面餐厅吃，休息日在家做一点比较符合自己口味的饭菜，是很好的调节饮食的方式。如果家人都在，那就要考虑下点功夫做顿大餐了，能够与家人一起品尝美食是一件令人非常享受的事情。不要为了省事去叫外卖，给家人做饭的幸福什么都替代不了。
14：30—17：00 周末采购或娱乐	如果是我自己在家，一般我会选择周五晚上去采购，这样周末下午的时间至少可以看书或去做一个需要器械或者场地的运动；如果家人在，我们一般会在周末下午去采购或娱乐，边逛、边聊、边采购。不要把采购当成一项把需要的东西拿回家的工作，把它当成一段与家人共同寻找自己喜爱东西的时光，会更开心一些。
17:00—18：30 写作或看书	周一到周五心思基本用在工作上，用于写作和看书的时间并不多，周末一定要找时间多读书，如果有可能就和家人一起阅读，并分享心得。家庭生活需要相互学习和启迪的机会。
18：30—20：00 做晚饭、吃晚饭、打扫卫生、散步	晚饭不必做得非常丰盛，睡觉前消化不了，最终存下来都成了脂肪。可能的话去散散步，可以消耗一些热量。

（续表）

周六	
20：00—22：00 读书、与家人聊天	这段时间头脑已经不适合工作，继续读书或与家人聊天都是不错的选择。我有好长时间没有看电视了，家里的电视在几年前就成了摆设。
22：00—23：00 洗漱、做睡觉前的准备	高质量的睡眠是要有准备的，睡觉前做一些轻松的事情，让心情放松下来，这样可以保证有一个比较快的入睡速度。据我夫人说，我入睡只需要一两分钟。

| 何以解惑，唯有读书 |

庄子的《逍遥游》里有一句话，叫作"水之积也不厚，则其负大舟也无力"，这句话充分体现了学习对于职场人的重要性，**在职业生涯道路上必须有足够的学识积累才能保证职场人如水举舟般向前走，否则就如旱地行舟，移之不易。**

刚刚进入职场，处于打天下的阶段，不具备些敢闯、敢拼的素质很难在同辈中显山露水，所以在这个阶段要敢于横刀立马。

工作一段时间后，羽翼渐丰，风格、习惯、能力、经验、口碑、资源、管理特点都逐步成型，开始进入成熟阶段，仅靠勇冠三军就不行了。"万马军中取上将首级"的人可以当突击队长，但并不能保证其可以成为优秀的管理者，因为管理一支成员性格不同、特长各异的团队，并让团队成员团结一心，单凭一个"勇"字是做不到的。

虽然职场人在实际工作中因为面临许多突如其来的问题不得不向一线人员、对手、其他行业和社会学习，积累了不少技能和经验；同时为了解决各种困难也会主动找文章来读，包括网络上的和媒体中的，增长了不少知识，但仅仅因为工作中的需要而学习是远远不够的。需要产生是因为有了痛点，知道痛点是因为感觉到了痛苦。然而感到痛苦是一个滞后过程，一定是病灶已经产生，甚至产生危害了才会让你痛，这时候临时抱佛脚地学习，主要目的是治病，而一个职场人要发展，根本在于强身。

系统读书，方有小成

强身的重点是固本培元，就是建立起系统的知识体系、打好理论基础、拥有高效的思考方法。要获得这些，就要系统地学习，而学习的主要方式就是系统地读书。"系统地读书"要分成两个方面理解。

一方面是要会读书，天天在手机上看网络上的文章无法形成系统的知识体系，网络上的文章因为要适应读者偏好，字数都不会太多，要么承载内容偏少，要么浮于表面，不足以讲述一个系统的知识点。许多人以为读了网络上转发量高的文章就是学习了，这个想法本身就是错误的，这种学习方法只不过是用碎片化时间获得了碎片化内容。由于内容是碎片化的，没有根基、没有系统、没有连接、没有深入探讨、没有与自身原有知识融合在一起，这种内容很快就会被遗忘。

而且这种碎片化内容也不利于管理者形成深度思考，一篇几千字的文章仅能讲几个故事和一个结论，更多时候只是打动了人心中感性的部分。美国投资大师——瑞·达利欧在所著的《原则》①一书里说的"情绪化和潜意识的你"，并不会帮助到"有逻辑和有意识的你"，仅仅打动了感性部分并不会让理性思考那部分获得突飞猛进的成长。

书论述问题、思考、现象或故事，少则十余万字，多则百万

① 达利欧.原则［M］.刘波，綦相，译.北京：中信出版集团，2018.

字，没有充分的论证、反复的推敲、可行的实例、稳固的逻辑、清晰的意识、可靠的推演是实现不了的。读的过程中细细体会其中的奥妙，才能说服、满足、启发、提升那个"有逻辑和有意识的你"，才能让你在头脑里像建立一座大厦一样树立起一个坚实的观念，这个大厦有地基、有框架、有设计、有装饰，也有能让它接待更多寻访者的公共设施，这样才算在自己的思想之城里建立起一个真正的地标建筑。

另一方面是要成系统，一般人读书一定是有目的的，比方说我去书店读书会先选取管理类的书籍，之后是文史类书籍，然后是其他领域的普及类书籍。读第一类书籍是因为工作需要和个人探索，读第二类书籍是因为个人爱好，读第三类书籍是想要扩展自己的知识覆盖面。

每个人读书的方式、内容、层次、喜好各不相同，不宜统一，但作为职场人一定要系统规划自己的读书计划，因为"吾生也有涯，而知也无涯"，想要穷尽任何一个方面的知识都是不可能的，只有做好规划，才可能让自己在某个小的方面有所小成。

当然我这里讲的小成，也不是指成为一个学问专家。职场人要做的是比竞争对手多读书，比下属多读书，多读书的同时多思考。通过这种读书方法让自己有所小成之时，个人的知识体系就是稳固的，思想就是相对成熟的，不会因一时一事、一人一言而受到干扰，可以向"养成此心不动"的境界进发了。

从浅入深，多读勤读

对于系统读书，我的心得是从浅入深，多读勤读。

"浅"是先从基础书目读起，"图难于其易，为大于其细。天下难事，必作于易；天下大事，必作于细。"许多经典在有了更多阅历后会读出不同的滋味，在不同的人生阶段会读出不同的感悟，不要指望一下了就能顿悟。先把书中通俗的句子、方法记下来，"不积跬步，无以至千里；不积小流，无以成江海"，先积累跬步和小流，走的每一步都是自己的，每一涓滴都不损耗。

职场新人读书就必须从"浅"开始，一门心思读大部头、读深奥的内容，往往意味着会消化不良，很多时候只能是不求甚解。我见过太多职场人会讲不会做，无外乎得了个"头重脚轻根底浅，嘴尖皮厚腹中空"的评价，这种南郭先生在任何机构里面浑水摸鱼的时间都不会太长。

"多"读则是职场新人在自己的专业领域中尽可能多地找书来读，老子讲过"治大国如烹小鲜"，因为事物的根本原则都是一致的。

书读得足够多后，与人交谈时自然可以做到引经据典、从容不迫，而听者必定如饥似渴、聚精会神。我听过许多管理者在公众场合下的讲话，发现优秀管理者都擅长当众演讲。讲的内容多、讲的时间长并不等于擅长演讲，能够抓住事情的重点、抓住别人关注的焦点、直击问题的痛点、快速直接地解决矛盾的焦点才是真正擅长。

读书少的管理者往往只会用一种方式、一个腔调、从一个角度讲同一个主题，往往"不识庐山真面目，只缘身在此山中"。与读书少的管理者相比，读书多的管理者讲的主题并没有什么不同，毕竟管理话题是有限的；但读书多的管理者，方式方法多样、腔调变化多端、角度层出不穷。

没有足够的知识储备和思维训练让自己从"万山圈子里"出来，自然只有一种解题思路，员工自然不爱听，自己讲话自然没有自信，没有自信自然不爱讲。要想达到言之有物、对症下药的境界，不是一朝一夕，靠一卷一籍就能实现的，职场新人需要不停读书、不断积累，才能一点点接近这一境界。

"勤"读，是要利用一切可以利用的时间读书，读书的时间是挤出来的。利用时间的方式决定了成长的方式。不要说没有时间，要充分利用一切可能利用的时间，喝酒、打牌、撸猫①的时间都可以拿出来学习。我的习惯是上飞机和高铁立刻拿出两样东西：计算机和书，不允许使用计算机时就安静地看书，把碎片化的时间积攒起来，同样可以读不少书。

戒急戒躁，重在质量

另外我要强调一点，读书戒"急"字，不要贪功，不要一心想着一年下来读的书越多越好。书要很深入地读，甚至有些书还需要反复读，个别书更要放在触手可及的位置，以便随时参阅。

许多在线音频用一两小时介绍一本书，那不是在读书，是在提供选书的依据。用这种音频听 100 本书，不如老老实实读懂一本书。所以大家最好踏实读书，不要求快，求快的结果是学了一堆肤浅的理论，天天讲一些"正确的废话"，反倒误自己、误事业。

每个职场人在不同阶段都会有不同的迷茫、困难与迷惑，好好读书，可以在案头历千年、经万事，再加上心学圣哲王阳明所说的"事上练"，完全可以做到解心中惑、行脚下路。

在一次内部培训中，一位管理者谈具体业务，90 分钟内提及了 9 本书，从中国古代经典，到国外管理著作；从管理方法到运营

---

① 撸猫，互联网流行用语，指对猫进行爱抚的行为。

背后的哲学思辨；从理性分析到情感表达，一堂课下来引经据典、洋洋洒洒。虽然能讲一定要以会做为根基，但会做还要靠能讲更上一层楼，否则怎么把"如何做"传授给他人？

曾经有人说："我吃亏在只能干、不会说，那些被提仟的，不过是比我能讲，在上级面前会表现。"这话好像在说上级个个都被花言巧语所迷惑。讲这句话的人是典型的失败者思维。在职场上能讲并不是随口乱讲，高层次的管理者有能力把前人、今人的智慧合理借鉴过来，要做到这一点非大量读书不可。

普通业务人员要会做事，管理人员则一定要做事、讲话兼得，高层管理人员必定要会做事、会讲话，并能讲出底蕴、思考和深度，不把粗鄙当成天真烂漫，不把无文当成直爽豪迈。

| 碎片知识，"含糖"过高 |

有机构给"网瘾"定了一个标准：每天上网时间多于 4 小时就是有"网瘾"。我想自己已经达到这个标准了，但我还有点不服气：如果 4 小时都算有"网瘾"，那写字楼里的人有谁没有"网瘾"？

我不知道刷微信、抖音有没有评瘾的等级和标准，不过大家有时间可以测试一下，试试坚持 1 小时不去刷手机。一顿饭不吃不觉得怎么样，但是 1 小时不刷手机，感觉很难受！每次我组织开会和培训分享时的最大竞争对手就是手机，每当看到有人面带微笑、低着头（当然视线尽头是一个手机屏幕）时，我就感觉一定是自己讲的内容没有手机有趣。

不知道有没有人统计过，员工上班时有多少时间在看手机，我估计不会太少，连我这种自制力比较强，不太喜欢明星八卦、虚构鸡汤（真实的可以接受）、养生秘籍的人，有时都会在卫生间里兴致勃勃地给发在朋友圈的文章点个赞，何况其他员工呢？

其实，刷手机说穿了无外乎看别人怎么生活。无论每天在朋友圈看到多少自拍、美食、景观、文章，其实都是别人的生活。每当我放下手机时，我就问自己，这些跟我有什么关系？换句话说，别人的生活跟我有多少交集，需要花那么长时间给予关注？

有时间读点书多好。手机上的信息都是碎片化的，要想把它们拼成有用的东西，其实不容易。即便是真有内涵的文章，因为篇幅所限而失之详尽，因为吸睛所需而失之厚重，就好像夜空中散落的星辰，虽然看起来明亮，但既不可照明，又不能取暖，更遥不可及。至于其中信息，因为凝练而只能说其然，不能说其所以然；或只能论述事物的某个方面，无法顾及其他，这更是通病。

书则不同，无论印刷在纸上，厚厚的可放在掌中；还是在平板计算机或者台式计算机屏幕上，都是绵延不绝的，总能体现出一种厚度和深度。从一个题目延展再深入，把我们的知识边界系统地、坚实地、毫不迟疑地向外推出去。书既能提出理论，也能论述事例，更可针对质疑，多个方面、多个角度、多个方位地探讨，如万丈高楼表面上是平地而起，实际上地基已经打得坚如磐石。

所以，手机中的"微"信息对我们来讲，充其量是信息甜点，书才是富含养分的大餐。甜点吃多了，必然会影响大餐的享用；"微"信息获取多了也容易患上思考的"糖尿病"，只能依靠外部结论来做决策。

每隔一小时就翻看一次手机，看有多少人更新了内容，有多少群里发布了消息，有多少人回复和点赞，这一看又是 10 多分钟，刚刚看过的那页书是否能续接下去？刚刚写的那个计划思路是否还能连贯？刚刚闪过的那个灵感是否还在原地等我们？谁都知道零食吃多了，无益于健康，但很少有人坚决地把"微"信息的吸收控制在一定范围内。

很难想象，在求职者面对面试官时，可以仅凭"微"信息中的知识对答如流。如果只是大段地引用名家名言（这种情况我真的见过，而且不少），肯定不会得到面试官的青睐，因为我们不是名人本人，而招聘机构也不需要一台"名言复读机"，对方要听到的是求职者本人的想法。

很难想象，今后找到一份工作，可以依靠阅读"微"信息的经验去纵横职场。一旦情况变化，一旦上级和同事质疑，如果告诉大家，判断原则和行动指南源于一篇不知出处、不成体系、观念单一的网络文章，那可想象，职场升迁的步伐将到此为止。

哪怕是追求异性，如果所谈所讲都是来自网络上的小文章、小情趣，那人家自己也能通过手机获得这些信息，并且想什么时候看就什么时候看，为什么要在规定时间、规定地点听别人重复这些可能几个月前就知道的信息？

有时间少刷点手机，少羡慕人家发的美食、美景，"微"信息中虽然也有不少真正的好文章，但如果没有足够多的书放在脑子里作为积累，文章好在哪里都可能读不懂、读不透、读不明白。

手机刷多了，只能让人误以为自己很成熟、很知性、很博学，具备了追逐梦想的能力；其实根基浮浅、心态浮躁、表现浮夸，除了做梦，什么也不会。

不要跟我说，其实刷微信用的是碎片化时间、是在交通工具上的时间；即便是有大块的时间，大家读书了吗？无外乎用大块的时间来刷手机罢了。

出门办事时包里放上一本书，利用等待时间读一个章节。专注读书的面容最美丽，饱读诗书的气质最迷人，有真知识的人最可爱。读了书后的梦，才是认真想过了的梦，才是梦想，才是值得追逐的目标。

记得年少时候，我会去地摊上租小人书看，一本几分钱，读下来 5 ～ 10 分钟，看一下午很过瘾，觉得看了好多故事，跟小伙伴们聊起来眉飞色舞。我对捧着一本厚书读的人感到很不解，觉得一个故事要看好多天，是一件特别无聊的事情。

　　然而，当我小学三年级因为得病在家休养时，我闲极无聊，在废物箱里找到一本竖写繁体版的《西游记》中册，靠着边读边猜的方式把书读完，其中一个"只"字的繁体字就是通过读了"只要"和"一只鸡"这两个词组才推理出来的。读后我才发现真正的小说比起分散在小人书中的故事好看多了，所有人物形象都丰满、立体。唐僧有自己独特的幽默感，猪八戒为高老庄做出了很大贡献，白龙马相当有战斗力，沙僧的神通也不少，孙悟空从猴性一点点向神性转变。

　　总而言之，小说中的每个角色都不像小人书里面那么简单、那么符号化，从此世界在我的眼前得以立体化、复杂化、关联化、过程化。小人书可以给出许多结论，但小说能让我们明白这些结论从哪里来，才能让我们思考这些结论是否是唯一的，是正确的，是符合事实和我们内心的。

　　现在"微"信息中的文章很像当年的小人书，让我们满足于答案；而书籍能让我们探讨原因和各种变量。"微"信息让我们的头脑很舒适地接受了一块现成的甜点，书籍则让我们品尝了人间百味，并在品尝百味之后给予我们无限感慨和无尽思考。

　　满足于"微"信息，我们只能把它作为向同伴炫耀的谈资；而陶醉于书籍，我们才能把它当作探索人生的路径。"微"信息让我们浅尝辄止，书籍则让我们欲罢不能，引导我们本来慵懒的大脑形成独立思考，防止我们人云亦云，从而让我们成为一个有自己想法的人，并学会设计属于自己的人生。

　　少吃甜点，甜点吃多了，人会很不健康；多尝人间百味，营养丰富了，人才会健康。

｜ 小工具

读书方法小流程

1. 找到一个自己感兴趣的专业问题。比如胜任力这个普遍用于员工考核、培训、发展的概念是什么。

2. 查一下关于这个问题的历史发展情况。比如胜任力概念是谁提出的，在什么情况下提出的，为什么要提出这个概念，谁又发展了这个概念，这个概念的最新定义是什么。

3. 这个问题包括哪些内容？比如胜任力的模型都包括哪些，各是什么结构，为什么是这个结构，这个结构中每个部分如何定义，这些定义本身又有什么渊源。

4. 这个问题对我自身及我的工作有什么意义？比如胜任力的作用是什么，对本人自身发展有什么意义，对本人开展工作有什么意义，自己所从事工作的胜任力模型是什么。

5. 如何将意义变成真正的助力？比如如何建立、完善和强化自己工作的胜任力模型，哪些行为是关键行为，如何强化这些关键行为。

以上这些方式固然达不到专业研究水平，但如果职场新人能够按照这些方式读书，至少可以让自己的专业知识的广度和深度得到很大提升。

第 四 部 分

先管好自己

　　对职场新人来说，最重要的一件事是学会管理好自己，这也是职场新人的一项基础工作。

　　第二部分讲过，职场新人求职和工作的核心竞争力之一就是知道"我是谁"，但知道"我是谁"的目的是让"我"成为更好的自己，而不是知道"我是谁"之后就放任不管。虽然职场新人追求个性，想让自己成为那束与众不同的焰火，但前提是自己得是焰火，因为说不定自己的能力有限，只是一个小鞭炮呢。

　　前面三个部分所述内容能否实现，基于能否将第四部分的内容做到位。只有管好自己，才能迈出获得职场认同的第一步，才能改变自己的思维方式，才能让态度比黄金还珍贵。如果管不好自己，时常情绪崩溃，经常犯懒，在困难与风险面前害怕得不行，在利益与成长面前又急躁得要命，那么再好的建议、再好的计划、再好的工具，也都无济于事。本部分专门讲如何实现情绪控制，如何克服懒惰心理，如何平衡勇敢与沉稳。

第十章
提升情绪管理能力

▎ 情绪失控，职场塌方 ▎

在职场中，我看到过许多情绪失控的人和场面，有号啕大哭的，有破口大骂的，有摔桌子、打板凳的，有自残甚至伤人的。

无论情绪失控是出于什么原因，最终，失控的人无不为自己当时的行为感到后悔，因为他们在整个过程中乃至事情结束后，都能明显感觉到看到他们失控场面的旁观者那掩盖不住的惊诧、无奈、失望和轻视。

所有曾经失控的人都会意识到，之前的行为给现在和未来的形象减了分，他们会长时间处于沮丧、怀疑、痛苦和羞愧的状态。然而，虽然他们在心中发誓下次遇到事情时一定要冷静，但下一次事到临头，他们往往还是迅速进入失控状态，像孩子一样发泄情绪，丝毫不顾忌给别人带来了伤害。

如果不学会管理情绪，这样的人会不断失控而无法完成本职工作，最终因为团队成员对他们失去最后一点信任和耐心而出局，无一例外。职场毕竟是成年人的世界，承受别人糟糕的情绪并不是同事的工作义务和责任。只有管理好情绪，才可能把自己的工作做好。

不要说因为工作情绪激动甚至失控是投入感情、一心为公的表现，工作不需要用痛哭和发飙来完成。事业有成的人都具备目标远大、意志坚定、头脑清晰、判断准确的特点，这些特点根本无法在管理不好自己情绪的人身上找到。

管理不好自己情绪的人不可能有远大目标

有远大目标的人不是没有情感和情绪的人，恰恰相反，他们往往拥有丰富的情感和充沛的激情，因为这些宝贵的资源可以在前行道路上不断给自己打气，给自己鼓励。

有远大目标的人都知道"条条大路通罗马"，但经验告诉他们并没有一条可以通向罗马的康庄大道或捷径，在前往目标的路上有许多曲折在等待自己，情感和激情则是他们的加油站。正因为他们知道情感和激情对前进不可或缺，因此即便拥有多于常人的情感与激情，他们也不会滥用，而会选择在面对真正的困难和危险时再迸发出这些情感与激情，成为克劳塞维茨在《战争论》[1]中提及的微光："战争打到一塌糊涂的时候，将领的作用是什么？就是要在茫茫黑暗中，用自己发出的微光，带领队伍前进。"

管理不好自己情绪的人，要么根本没有远大目标，要么欺骗自己有远大目标。他们的行动则告诉我们，他们不可能有远大目标。

一个因为别人有不同意见就勃然大怒的人可能有远大目标吗？不可能！他生气是因为只注意到了对方意见与自己的心意不合，由此甚至还能联想出轻视和冒犯，进而觉得"那怎么得了，

---

① 克劳塞维茨.战争论（全三册）[M].陈川，译.北京：民主与建设出版社，2020.

我一定要与你一争高下"。本来是对一件事情的争论，由此演变成两个人之间的攻讦，无形中既把一件简单事情变成了"绵绵无绝期"的个人战争，又为自己在前进路上树立了一个敌人。

有远大目标的人听到不同意见，更在乎意见中对自己有帮助的部分，对与自己意见不合甚至真正冒犯自己的部分，则一笑置之。为什么要为自己不在乎的部分而怒火中烧呢？远处的目标才是重点，除此之外，都不重要。

一个因为考验、否定、困难、挫折、失败就丧失前进意志的人可能有远大目标吗？不可能！他们的眼睛只盯着现在的时间和空间，以为这就是全世界和整个人生，根本无法看向远方。他们面对考验就觉得受了天大委屈，面对否定就觉得自己白做了，面对困难就觉得自己比谁都难，面对挫折就认为所有人都对不起自己，面对失败更是认为责任全在别人，自己没有一点问题。

这样的人往往经受一次考验就被淘汰了，得到一个否定后就停滞不前，在哪里倒下就在哪里趴着，遇到一点困难就自暴自弃，在遭遇挫折后就开始不停抱怨、不断给别人摆脸色，在失败后就觉得世界末日到来了。以上各种表现就是所谓的"失意忘形"。失意忘形的根源就是看不远、想不宽，看不远就根本见不到远大目标，想不宽就根本找不到去往远方的道路。

一个因为取得了一点进步、得到了一点提拔就扬扬自得，急需表扬或拒绝批评的人可能有远大目标吗？不可能！他们只想着过去取得的成就，不断回头欣赏来路上建立的那点微不足道的功绩，为了能看清楚曾经的成果，势必要放慢脚步。他们甚至有时还要把别人拉回起点，陪着他们参观自己的来路，哪怕被迫前来的观众中有许多人可能已经取得更大的成就，但这些失控的人根本感觉不到这些，因为他们眼里根本放不下别的。

　　向他们提出批评或建议，他们给出的理由比谁的都多，生怕别人用自己现在的问题否定了之前的成功。有远大目标的前提是脸要朝着目标方向，但这些人基本上是脸朝着来路、背朝着目标前进；目标都不看，更不要说远大。

　　管理不好自己情绪的人就一定做不出成绩吗？虽然世界上没有绝对的事情，但是成绩分大小，管理不好自己情绪的人也许能做出一些成绩，但与他们拥有的才华、机遇与资源相比，那点成绩算不了什么，还增加了未能有更大成就的遗憾。

　　假设韩信不能受胯下之辱，而是暴起将侮辱他的小混混击杀于当场，自己是解气，但后续要么被小混混的朋友追杀，要么被官府追捕，不得不四处藏匿，那还会有可统之兵多多益善、被奉为"军神"的淮阴侯吗？如果司马迁不能受腐刑之辱，而是选择维护自尊、当场自尽，那还会有照耀千古的《史记》吗？

管理不好自己情绪的人工作意志薄弱

　　愤怒、痛苦、失望是人之常情，拥有这些并不能说明没有管理好自己的情绪，把这些情绪发泄在工作场合才是没有管理好。

　　要记住职场不是自己的家，同事、合作方或客户更不是你的妻子或丈夫。夫妻之间多讲感情，同事、合作方或客户之间则要按照职场、商业和服务的规则管理自己的情绪和行为。

　　意志坚强的人并不是每天都没有烦心事，但他们知道从进入办公室那一刻开始，时间就属于机构，全身心投入工作才是应该做的事情。和谐的同事关系、相互理解和支持的合作方关系、利他的客户关系是把工作做好的先决条件，也是对职业的基本尊重。

不把自己的负面情绪带入工作是基本的职业道德。

管理不好情绪的人则不然，今天我不高兴，谁都不要想从我这里得到一个笑脸、一声问候、一次积极反馈。我不高兴比与同事、合作方、客户的关系重要，比工作重要，比一切都重要。

指望这种人有坚强意志？不可能。他们可是随时准备因为一次批评、一笔奖金少算、一个令自己不满的工作安排，甚至在家里、路上的一言不合，就展现翻脸、指责、争吵等意志崩溃的行为的。

对这样的人，我只想提醒一句，耍小脾气请回家去，工作场合明显不适合你。

管理不好自己情绪的人头脑混乱

一个人如果不懂得控制情绪，那就只能与自己相处，并且最终身边都是智商与他相同的人，因为是理性在控制情商，情绪失控其实是情商太低的表现。管理不好自己情绪的人经常处于失控状态，这种状态消耗了他们大部分精力，使得智商更多被情绪占用，注意力被种种干扰分散。

在这种情况下既无法保持头脑清晰，更没有可能进行深入、透彻的思考，一个头脑混乱、情绪不稳的人根本不可能把工作做好，因为他们光应对自己的情绪就很吃力了，哪儿还有心思想其他的事？

我就见过或长或短、周期性地出现情绪失控的员工，每次失控的结果都是他在很长一段时间内根本无法进入工作状态，因为情绪失控这只怪兽会不断把他的注意力、智力和思考力从工作中拉扯出去。我看得出他为了让自己重新回到理智状态付出了多大努力，也看得出这些努力有多么失败。

管理不好自己情绪的人缺乏判断力

职场人是应该把主要精力用于工作目标，还是用于自己的情感？问任何人，相信都会得到一致答案：自然是前者。实际工作中，往往不是这样的，许多人把大部分精力用于满足自己情感需求，更糟糕的是对此还不自知。

被上级批评一次，会不会觉得他在否定自己过去的全部工作？有些人会这么想，其实上级只是在就事论事，拿某个工作的预期成果来衡量当前的表现，谁有心思去回忆你每年、每天、在每件事上的表现？管理不好自己情绪的人却往往会认为批评是对自己的全盘否定。

同事提意见，会不会觉得是在否定自己的做事风格、方式、规划和行动？有些人可能有此联想，其实同事只是希望能让这件事的处理方式、过程及结果更好一些，谁有精力先评估你的专业背景、工作流程和使用工具再把自己的想法告诉你？管理不好自己情绪的人往往会认为提意见就是看不起自己，甚至有意取代自己。

有意或无意把精力用在维护自己情感不受伤害上，这个行为本身就是缺乏基本职业判断力的表现。不具备职业常识的人可悲，具备常识却不运用的人与前者在表现上也没有区别，不必指望这种人在工作中表现出足够的判断力。

资历、功劳、信任都不能成为情绪失控的借口，在职场中做一个成年人，学会管理自己的情绪，是对职场人的基本要求。知易行难，每当情绪上涌时，我们都要问一下自己要成为什么样的人：是要做一个意气用事，只图一时痛快的莽夫，还是做一个让同事、合作方和客户信任的，能让人有所期待并依赖的职业经理人？

| 我的情绪，自己做主 |

想要管理好自己的情绪并不容易，谁都知道情绪失控本身会破坏职业形象，但控制不住自己情绪的时候，往往会忽略情绪失控所带来的后果，情绪一上来"不管不顾，唯我独尊"。

负面情绪中破坏力最大的莫过于愤怒，愤怒恐怕也是职场人的一种普遍情绪，本章专门讲一下如何控制愤怒。

愤怒是最古老的情绪之一，原始社会的人类一旦愤怒，就代表着进入"战斗"状态，现代人的愤怒也是如此。只不过在职场中，绝大多数人不会像原始人一样愤怒了就手持木头、石块进行残酷的肉体对抗，而是用语言发泄对彼此的不满、相互攻击。当然，最后会不会演变成几千年前的肉搏状态，谁也不好说。

人们为什么会愤怒？为什么会进入"战斗"状态？因为感受到了威胁，所以要回击。职场上的威胁包括上级给予的不公正对待，让自己的付出没有得到相应的回报与尊重；同事不负责任地甩锅，使得自己的职业声誉或工作成果受到损害；客户不尊重自己的人格和工作，甚至有意刁难等。

这些可能造成损失和伤害的行为都会引发受到威胁的感受，进而引起愤怒的积聚。愤怒是从一些小的负面情绪开始的，比如心中不爽；随着事态逐步升级，不爽持续增加，一直发展到很想大大地、不顾后果地发一顿脾气。

知道了愤怒的起因和发作过程，我们就可以找到方法来控制和管理自己的愤怒，不让它变成一场灾难。

把心放宽

有人说："人的胸怀都是委屈撑大的。"其实胸怀要么是因为眼界高远、不计较眼前得失而自行放大的，要么就是被委屈撑大的；无论男女，无论职场还是生活，概莫能外。

胸怀大了之后，对于原来视为威胁的事情，要么觉得根本不算威胁，要么觉得根本不值得关注，要么觉得没必要愤怒。因此放宽胸怀是一件从根本上消除愤怒的有效方式。

如何放宽胸怀呢？最好的方式还是扩大眼界。

眼界一大，就不会只在意身边的一亩三分地，就不会天天计较一点蝇头小利；而会从长远考虑发泄愤怒会带给自己什么后果以及会引发其他人什么样的观感。

眼界一大，就不会只在意眼前的一时半会儿，就不会时时在意尺寸得失；而会考虑，自己在这件事过去 3 天后、3 周后、3 个月后，还会把这件事视为威胁吗？还会允许自己愤怒吗？

事实证明，把事情放在更大范围和更长时间维度里认真考虑之后，绝大多数人知道自己在面对威胁时应该采取什么态度。

当认为自己受到威胁时，我们可以问自己以下 3 个问题。

1. 这个威胁对我的个人影响真的都是负面的吗？

要知道任何事情都有两面性，即便当时看起来不好的事情，也可能"塞翁失马，焉知非福"。

我刚刚工作时，有多个技术专业毕业的大学生一起被分配到车间，大家激烈地相互竞争。因为当时大学生属于稀缺资源，不久有三四个学技术的大学生被抽调到机关科室帮忙，所以留在车间的大学生少了，竞争也就不那么激烈了。

当时我挺羡慕那些进入科室的同届毕业生，他们从事的都是管理工作，在办公室里风吹不到、雨淋不着，到车间检查工作还会被视为上级部门的人员。我则每天与工人一起在操作现场日晒雨淋，大部分时间上夜班，工作环境充满危险与挑战。

然而工作一段时间后，我的技术累积明显高于这些在机关科室工作的毕业生，专业水平也有了显著提升。我参加技术会议时态度自信，讲起关键操作时说话掷地有声，很快就能独当一面了。

2. 在考虑到正面影响之后，还会在意这个威胁对我的损害吗？

要知道，威胁正是职场的一部分。任正非说过："唯有惶者，方能生存。"没有威胁的环境是可怕的。

这个世界上存在着没有威胁的环境吗？除非我们放弃所有欲望，甚至不在意自己的生命，否则威胁是永远存在的，并不会因为我们看不见而消失。看得见的威胁反倒是低风险的，至少我们会因为受到威胁而产生不舒适感从而对周边保持警惕，并保持足够的活力，以应对可能出现的损失。看不见的威胁才是最可怕的，因为很可能直到被淘汰的那天，我们都不知道原因是什么，甚至原因可能就是我们自己。

周围存在威胁是一种正常情况，我们要学会接受和适应，而不是试图通过愤怒将其尽数消灭。对于其中并不严重的威胁，就让它存在着，既是面对现实，也是让自己保持最佳状态的一种方式。

3. 如果威胁确实存在，除了表达愤怒，我们还有其他解决问题的方式吗？

　　并不是只有表达愤怒这一种方式能解除威胁，从效果上看愤怒其实更可能是一种糟糕的解决问题方式。愤怒只是对威胁行为的反击，但实际上许多让我们感受到威胁的行为并非有心之举。

　　比如我们可能在街上看到两个拿着手机相对而行的人撞了个满怀，甚至双双跌倒。这时候发火的意义有多大？虽然一方可能认为自己是右侧通行，是对方撞到了自己，有理的人是自己，但是在人行道上左侧通行也不违法。

　　比如我们在为自己喜欢的球队被淘汰而郁闷，而身边另一伙人在为自己喜欢的球队晋级而欢呼，在这种情况下发火的人，我们都知道应该称其为"足球流氓"。

　　比如我们在反对别人的意见时，会首先谈原因，最后亮观点；而有的人就喜欢首先亮明观点，再逐项说明理由。难道我们就因为对方的观点与我们对立、沟通习惯与我们不同，就认为是故意针对我们，而出离愤怒？

　　而且即便对方是故意发出威胁，甚至是专门为了激怒我们的，实力较强的威胁者也会在被威胁者发怒后，发现对方底牌不过如此，反倒更放心大胆地把威胁变成实际的侵犯，就好像《黔之驴》故事中描述的一样。实力稍弱的威胁者会在比较威胁所获利益与愤怒冲击所致损失后，就停止自己的行动吗？其实不会，他们大多会选择将自己的威胁性隐藏起来，尽量不让被威胁者察觉，然后继续行动。

　　因此愤怒很难消除威胁本身，真正想消除威胁需要从被威胁的原因着手。比如，作为新人，被一些老人视为甩锅最佳对象的主要原因是，这些老人认为自己比起新人有信息方面的优势，或有更被机构信任的优势。但是当新人努力将自己的信息量增加，努力将自己的被信任感提升后，这些老人就不敢轻易甩锅，因为甩得不好，锅可能被反弹回来，而且还可能是滚烫的。

被委屈撑大终归是被动的，相信大多数人都不会自找委屈，毕竟开心是大家工作和生活的动力之一。扩大眼界，则是每个人都可以主动为之的事情，多去看世界，多去体验世界，多去认知世界，眼界自然就可以扩大。读万卷书，行万里路，见万千人，是看世界、体验世界和认知世界的好办法。

使自我强大

人们会感受到威胁，很大程度上源于自己的实力不够；而这实力既包括工作上的实力，也包括心理上的实力。

一粒沙子对一个人不算威胁，但对蚂蚁就是威胁；一块砖头对一头鲸鱼不算威胁，但对人就是威胁。放在资深人士眼里不算威胁的事情，对职场新人可能就是威胁，其原因就在于实力不同。

相对资深人士，职场新人的脆弱性体现在对工作相关信息知道不多，而机构对其个人能力的信息同样知道不多，因此双方的关系并不属于强连接。另外，除非是极少数有着顶尖特长的人，绝大多数职场新人在这种关系里处于弱势地位，特别缺乏安全感，对周围事情非常敏感，因此出现对环境和其他人行为的误读也很正常。

我刚刚参加工作，在车间实习时，特别担心自己的行为举止不被周围人接纳，因此主动做了许多现在看来并非一定要做的事情，包括控制室的暖瓶里没有水了，就主动去把它装满；快下班时，主动把地面擦得干干净净。事实证明，没有人在意这些行为。暖瓶没水了，谁想喝谁就拎到水房打满，大家并不大关注每次打满水的人是谁；大家为地面卫生安排了值日人员，我不去打扫，也会有人打扫，并不会一直脏下去。反倒是所有人都希望我可以尽快学好技术，提升工作能力，这样就可以负责一些操作，以便分担大家的工作压力。

机构招聘任何人员肯定都不会想让新人时不时遭受威胁，而是希望他能尽快进入工作状态，完成自己的绩效。所以把自己的工作做好，没有人威胁得了你。

职场新人在心理上无须过于紧张和敏感。安徒生童话里有一个《豌豆公主》的故事，讲一个公主的床上铺了 20 张床垫，再加上 20 多床鸭绒被，公主还能感受到这些床垫和鸭绒被下面有一粒豌豆，硌得她无法入睡。

在职场上我们不要像豌豆公主那么娇气，要让自己的心理强大一些，别把自己太当回事，要有一些钝感力。

许多时候，职场新人感觉到威胁的原因是太把自己当回事。我就见过新人投诉机构的一项规定，认为这项规定是专门针对自己的。听到这个投诉我都笑了，这项规定发布了十几年，如果说不符合现在的情况，需要修改和升级，是可以理解的；但说当初制定这个规定就是为了十几年后针对某个新人，那可真是无稽之谈。

关于钝感力，我遇到过一个员工，属于那种钝到说错话自己都完全不知道的。许多时候他明明是好心提示，却经常一句话出口就能让别人火冒三丈。不过好在大家也都能看出他并不是故意冒犯别人，所以一旦被指出说错了话，他就会马上真诚道歉，丝毫没有心理负担，反倒让对方不好意思起来。他每天都活得很开心，虽然有时惹得别人生气，但他自己并不跟任何人生气。每次看到他开心工作的样子，我都想起那首《莫生气》。

人生就像一场戏，因为有缘才相聚。

相扶到老不容易，是否更该去珍惜。

为了小事发脾气，回头想想又何必。

别人生气我不气，气出病来无人替。

我若气死谁如意，况且伤神又费力。

自我调整

把心放宽和使自我强大之后就一定不会愤怒到要爆发吗？那倒不一定，这两点是会大大降低愤怒的概率和强度，但并不会杜绝愤怒的发生，也无法完全阻止情绪的爆发。

毕竟职场新人的胸怀还需要通过不断自我修炼才会放宽，而使自我强大也不像武侠剧的剧情一样是通过奇遇而突然实现的，因此做到把胸怀放宽和壮大自我都需要时间。

愤怒爆发之前，人们一般会经历什么呢？其实绝大多数人不会愿意将自己置身于"战斗"状态，理智会给愤怒设置一个安全阀门，在愤怒冲破阀门之前是可以控制的。

然而理智往往会被包括愤怒在内的各种压力同时冲击，从而使得阀门经受不起压力。身体状态不好、精力萎靡不振、各种琐事缠身、工作开展不顺利，这些因素都会让人的情绪处于临界状态。在情绪的临界状态下，有可能平时并不会在意的一件事情，也会引起愤怒的爆发。

我记得有一次机构组织年会，需要排练节目。因为当时许多工作都要在年末收尾，所以大家很难聚齐。好不容易演员到齐了，负责指导排练的老师却因故迟到；但由于时间有限，大家不得不先自己练起来，边练边等老师。

排练过程中，其他节目的指导老师从隔壁房间跑过来，边看我们排练边评头论足、指指点点。出于礼貌，所有人最初还按照他的指导进行反复练习，后来他越来越过分，说话夹枪带棒，开始损人了。最终作为组织者的我实在忍不住，怒吼一声："你算干什么的？回到你自己的节目去！"那个人当时就吓傻了，其他同事也惊呆了，因为他们从来没有见过我发脾气。

后来我反思了一下，如果放在平时，我完全可以对其置之不理，组织人员按照既定方式和节奏去排练，根本无须一吼。但当时大量工作需要限时完成的压力、作为组织者要排练出一个好节目的压力、排练时间不够的压力、指导老师迟到带来的困扰，使得我对这个人突然跑过来指手画脚的行为感到不满，很快达到情绪的临界状态。

我们在前面的内容讲过，职场新人的日常工作压力往往比起其他资深人士会更大一些，因此也更容易在情绪上达到临界状态。

为了避免此类情况发生，我们需要做的是不断感知自己面对着什么样的压力，并不断调节各方面的状态与节奏，以免将自己置于过大压力与过快节奏中。每个人都有适合自己的节奏，在这个基础上快一点可以，但不要快到令自己崩溃的程度。

在工作中压力特别大的时候，换一项任务来做、参加一个其他事情的会议，甚至点一杯咖啡或泡一杯茶，都可以作为缓解压力和调整节奏的手段。

防患于未然，防患于他人

中医有一个说法，叫治未病，即在病未发之时即行救治。我们在管理愤怒时，也可以在愤怒未发之时进行干预，以便将其消弭于无形。

为什么对方会威胁我们？前面讲过，大多数时候那是对方的无心之举。对于无心之举，我们需要做的是提醒对方注意这个行为构成了威胁或损害，相信对方会表达歉意并进行调整，毕竟没有多少人以与他人发生冲突为乐。

即便对方是有意为之的，也可能是因为对方本身就处于某种临界状态，即非正常和非日常的状态，但他并没有意识到自己身处这种状态之下。通过我们的提醒，他可能就会主动调整自己的状态和节奏，以免让自己突然崩溃。

即便对方为了自己的利益而故意激怒我们，那么我们提醒一下，也是一种警告：告知对方自己已经意识到威胁，请停止这种可能对双方都有损害的行为。

愤怒的爆发还有一种情况，就是先爆发的并不是我们，而是对方。许多人在这种情况下，会有三个字冲进大脑——"不能输"，然后"你强我更强，你刚我更刚"，本来没有愤怒，但是既然气氛都烘托到这个程度了，那必须表示一下啊！你吼我一句，我吼回去两句；你瞪着我的眼睛，我就指着你的鼻子；你往前两步，我就凑近三步；你敢用文件夹丢我，我敢向你投掷一个液晶屏。

如果说平时我们绝对不会让别人来决定自己的行为，在那一刻我们却被对方控制了，让对方来决定我们的言谈举止、行为表现，那么唯一的原因就是既然对方表现得像一个无赖，我们就要表现得更像才行。

不要让别人决定我们是谁！

对方越粗鲁，我们越应该礼貌；对方越不讲理，我们越应该彬彬有礼；对方越没有素质，我们越应该展示自己的素质。态度平和、节制有礼、逻辑清晰、谦和有度，这些形象本身所具有的力量与说服力，并不是为了打动对方，而是让所有旁观者站在我们这一边。毕竟不公开的愤怒，又伤得了谁；而对公开的愤怒回应得越冷静，对愤怒方的反弹就越大。

及时止怒

如果我们已经愤怒了，怎么办？

热血上涌、皮肤出汗、手臂发抖、脚部紧绷，随时想扑过去，与对方"决一死战"。把对方按倒在地，痛打一顿，虽然很解气，但违法；把对方怼到墙角，痛骂一顿，很提神，但也能暴露自己的素质不高。所以要尽快让自己转换注意力，这样才可能从愤怒的状态中脱离出来。

第一，要尽快从对峙的状态中脱离出来。

对峙本身就是愤怒产生的最大诱因，双方通过不断给对方施加压力、增加威胁以便迫使其做出让步。在这种情况下，人的思维是对立的、单向的、简单的，就好像两头角抵在了一起的牛，明明还有许多其他的道路可走，却死死纠缠在一起，谁都不放过谁。

先脱离对峙并不意味着认输，反而意味着可以换一种方式改变对方的立场，不在可能导致双方都失败的路上僵持。谁先选择换方式，谁就获得了主动，因为对方需要考虑是继续坚持这种已经明显看不到结果的方式，还是按照我们提出的新的方式解决问题，或者还有什么更好的方式可供选择。由此可见，后选择换方式的人不得不做更多选择。

第二，要尽快从愤怒的氛围中脱离出来。

越想越气是一种普遍的心理状态，长时间沉浸在愤怒中，并不能让愤怒随着时间越变越少，反倒可能越变越多。因此让自己从愤怒的氛围中走出来非常重要，只有如此才能让愤怒逐步减少，且这一行为越快越好。

找一个平时让自己感到放松、安全和愉快的地方是一个很好的选择，处在这种环境中，人们会很快恢复理智，并倾向于反思自己行为中失误或不得体的部分。

如果条件不允许，那就到楼下散一会儿步，鉴于刚刚经历了临界状态，相信目睹过这种情况的人也会理解你需要单独待一会儿。

我曾经很严厉地批评一个员工，因为这个员工在冲动之下，写了一份辞职报告。我告诉他："报告我收下，你也可以视为我已经批准，但是根据规定，我有权力让你从辞职之日起干满一个月再走，现在，请出去把该干的工作干好！"

下班前，他来到我的办公室，诚恳地承认了错误，并希望拿回辞职报告。看到他已经恢复冷静，我将辞职报告还给他。后来这个员工在公司工作了 10 多年，直到因为个人职业规划，去了其他行业的一家公司。

在 30 年的职业生涯里，我也有很多生气的时候，但很少让别人看到；尤其是近 20 年更是基本处于平稳的情绪状态。

是我真的达到完全心平气和的境界了吗？并不是。但我有一个好办法可以平复自己的情绪，那就是一旦情绪出现波动，就拿起一本书来看。一般我选择历史类的书，让自己的思维历经千年，还会有什么事情想不开呢？人生几十年，如此珍贵，别人不开心是他自己的事情，为什么天天让别人的不开心影响自己的开心？

第十一章

一勤天下无难事

职场大师曾国藩反复强调"五勤"：

一曰身勤：险远之路，身往验之；艰苦之境，身亲尝之。

二曰眼勤：遇一人，必详细察看；接一文，必反复审阅。

三曰手勤：易弃之物，随手收拾；易忘之事，随笔记载。

四曰口勤：待同僚，则互相规劝；待下属，则再三训导。

五曰心勤：精诚所至，金石亦开；苦思所积，鬼神迹通。

以上内容看似平平无奇，其实在职场中最难做到，一旦做到，则从一件平常事情中都可以绵延叠加，做出无数事来。将这些事做大了可以成就一番事业，做小了也可以为职业生涯开辟出一片坦途。为什么"勤"字会有如此大的效力？细细分析"五勤"内容，其中大有乾坤。

什么是应该自己干的事情

在说清"五勤"之前要先明确一件事情：在职场中的哪些事情上应该勤？

大多数职场人拿着《职务说明书》来判定什么是自己应该干的事情、什么不是自己应该干的事情，更有甚者还在等着上级和前辈告诉自己什么应该干、什么不应该干。

真正把事情做好的人从来不只关注自己的《职务说明书》，他们更关注自己这个岗位的个人、部门和机构目标，以此来界定什么是应该干的事情。

许多年轻人初入职场都着急要做大事，但即便入职一家大型企业，他们也会很快发现一个问题：自己的上级，甚至上级的上级都很关注细节。上级们虽然并不亲自做一些看起来很琐碎的事情，但一定会想要知道这些事情的状况。例如某份文件的内容是否全部传达到位，某场外部会议开会当天的天气如何，某个小产品的成本具体是多少，甚至欢迎嘉宾的横幅上是否有错别字。

不少职场新人觉得上级关注的这些问题太过琐碎，作为上级连这些细节都过问，还要部下干什么，是不是对自己太不信任？作为上级怎么连这些事情都需要知道，还要亲自去确认？

有的人不重视工作中的细节，还神化了上级，感觉上级不出办公室，就可以统管千军万马。抱着这种思想的人做小事时，会觉得自己取得的成绩一定源于自身智商超过其他人；若有一天仗着小聪明走上管理岗位，也一定认为即便天天坐在办公室里玩手机，也会知道市场环境和一线业务都发生了什么变化。

抱着这种思想的人在工作中不断做减法，把需要亲自做的事情划到最小范围，认为只要做好这个范围里的事，其他的当然应该由别人去做。

真正能把事情做到最好的人则永远在做加法，在做任何工作时都想对工作本身、时机形势、内外部环境、困难与资源、合作方和竞争对手有清晰认识，因为在他们眼里如果没有想到（心不勤）、没有看到（眼不勤）、没有问到（口不勤）、没有体验过（身不勤）、没有亲自操作（手不勤），就无法判定自己是否得到了有用的信息、做了正确的事情、使用了合适的方法、实现了机构认可的目标。

混日子的人只想着把上级交代的工作做完，真正关心个人成长的人则想着终极目标在哪里和如何把工作做好。

并非想了（心勤）、看了（眼勤）、问了（口勤）、体验了（身勤）、操作了（手勤），就算是做好了"五勤"；真正把"五勤"做到位是有标准的。

心勤

别人想到的，你也想到了，等于心没有"勤"，真正的"心勤"一定是想到了别人没有想到的事情，要达到这种境界要做到三点。

一是能够对操作环节进行推演还原，逐条放到具体事情中去。以一个简单的会议颁奖环节为例：

一次上几个领奖人才能让领奖台既不显得太空也不显得太挤？

领奖人、颁奖人的上下台口如何设置才能让上下场的人不至于挤成一团？

礼仪人员拿的奖状怎么放才能保证对上领奖人？

不同的奖项如何对应不同的颁奖人？

如果颁奖人不止一个，如何进行操作分配？是两个同时在一边，一个颁发奖状，另一个颁发奖品；还是两个人分别从两边向中间走动着发放奖状、奖品？

应该搭配什么颁奖音乐？音量的大小如何控制，何时需要放大音量烘托气氛，何时需要降低音量让领奖人发言？

诸如此类事项都必须套入对现场的模拟中，只有如此才会发现，仅仅想到了大家都想到的事情远远不够。

二是能够对事情进行负面考虑，把所有既定的事情全部设想为不顺利，看看还有什么办法。还是以颁奖为例：

如果领奖人和颁奖人中有人临时不能到场怎么办？

如果需要压缩颁奖时间怎么办？

如果临时需要调整颁奖顺序怎么办？

如果奖品、奖状没有到位怎么办？

如果音响突然出现问题怎么办？

三是能够对事情的细节进行思考。依旧以颁奖为例：

什么样的奖品符合奖励目的？

什么样的颁奖方式符合现场气氛？

什么样的人最有颁奖资格？

什么样的颁奖词能够让领奖人和观众记忆深刻？

礼仪人员穿什么样的礼服更配合现场环境？

做到以上三点，基本上可以做到实际做事时从容不迫、有条不紊。

眼勤

做事时想要了解情况必须亲眼去看，道听途说不行，仅靠看下属发过来的照片、视频也不行，事关重大的事情一定要亲自去看。

比如去找一个开会场地，这个场地距离交通站点有多远？同样是 100 米，位于路边或胡同里对参会人员而言寻找的难度不一样，开会的感觉不一样，甚至在门口拍照的气势都不一样。

有一次，我负责安排商务宴会，我亲自给承办酒店打电话，订一间可以容纳两桌人吃饭的包房。大家兴冲冲到了现场，一进包房就傻了眼。当天酒店里能放两张桌的包房都订出去了，经理为了做业绩，大包大揽地答应下来，解决办法是把两张餐桌塞进了一个本来只能放一张餐桌的包房；由于根本放不下，具体操作时又把其中的一张十人桌换成了小一号的八人桌。

最终结果是所有人面对挤得转不过身的包房和两张一大一小的桌子瞠目结舌，我则在一旁无地自容地打电话，临时另找举办宴会的地点。眼不勤时，如果现场没有出问题，只能说明比较幸运，出了问题才是正常的。

口勤

"心勤""眼勤"之后，千万还要"口勤"，把该问的问题，甚至其他人觉得没必要问的问题，一定都要问到。千万不要犯"我以为"这个毛病。

许多隐藏的问题就是通过口头、邮件问出来的，并不是对方想骗我们，也不是我们怀疑对方的人品才会问问题，做事的时候大家都会有没想到的情况，多问几句为什么，真正想把事情办好的人不会有意见；少问了，最后大家一起承担责任，反倒会出现种种不满。

与其做事后诸葛亮，不如做事先臭皮匠，不要等到人家问"你事先怎么不说"时再讲"我以为你早想到了""我觉得这是个常识""难道你连这个都不知道吗"这种话。第一句是推卸责任，第二句是贬低对方，第三句则是一种责备，而这种责备其实也是针对自己的，毕竟自己也没有提醒对方要想到相关细节。

事情没有做好，谁都不会好受，所以责任推不出去；事情没有做好，谁都不会显得更聪明，即便机灵如你；事情没有做好，谁都不值得表扬，哪怕其中有人知识渊博、能力超群。

有一次我负责组织大型纪念会，在近千人的剧场里许多下属机构轮流表演节目，表演者都做了充分准备，制作了精美的视频，加班进行节目彩排。结果因为临时更换了播放设备，没有提前播放视频，节目表演过程中视频播放不出声音，幸亏演员机灵采取了补救措施。不过，虽然把场面应对了下来，效果却大打折扣。

事后问负责播放视频的工作人员，工作人员回答："我也没有想到前一天能够播放出声音的视频，换了一个设备就没有声音了。"他似乎也很委屈，问题是有人问过换了播放设备，视频可能会没有声音或干脆播放不出来吗？没有！大家都以为不过是换了一个设备，声音一定能够播放出来。口不勤，之前的许多事情都白做了，之后也不会取得好的效果。

身勤

一定要亲自到现场去体验一下、经历一下，尤其是对于第一次接触的事情，作为职场人尤其是职场新人要有足够的好奇心和实践欲，亲身体验了才能做出属于自己的判断。

职场新人不要拒绝接触自己不了解的事情，不接触自己不了解的事情，认知就永远停留在原地。职场新人没有成长，离开现在的岗位是迟早的事情；即便不离开，如果不去接触现场工作，也会在工作中闭目塞听，唯他人意见是从。

职场新人不要怕同事对自己的工作发表意见，但不要出现只能遵从同事意见的情况。职场新人应主动挑战之前没有经历过的事情，在经历时要争取站在队伍的前面，这样做可以扩展自己的能力范围，同时掌握第一手资料。

我们都听过小马过河的故事，故事中小马要过河，问了老牛河的深浅。

老牛告诉它："水很浅，刚没小腿，能蹚过去。"

小松鼠则拦住它大叫："小马！别过河，别过河，你会淹死的！"

但是小马的妈妈说："光听别人说，自己不动脑筋、不去试试，是不行的。河水是深是浅，你去试一试，就知道了。"

结果小马小心地蹚到了对岸，发现原来河水既不像老牛说的那样浅，也不像小松鼠说的那样深。

事情、世道的深浅如同小马面前横着的小河，不亲自走过去，哪里知道自己的高矮、轻重。职场中有许多人只在河边看别人艰难行进，就简单地下结论认为别人不够聪明、没有手段。其实不自己走走，真的不知道"笑别人，不如别人"这句话说的正是自己。

手勤

曾国藩论"手勤"为"易弃之物，随手收拾；易忘之事，随笔记载"。千万不要把这句话理解错了，易弃之物并非无用之物，而是容易被我们轻视的事情；易忘之事也不是应该忘记的事情，而是经常被我们忽视的事情。许多事情一定要自己去做，才会在操作过程中发现真相和真理，知道看起来不起眼的事情并非可以被轻视或忽视的。

我大学毕业后被分配到生产一线去做了一年工人，当工人时觉得被大材小用，很委屈。但一年后我被调入技术部门，管理最复杂的工段，才发现自己前一年亲手打开、关闭的每个阀门，连续盯了几个月的技术参数，日复一日、月复一月的巡回检查，都让我从本质上明白了什么是连续化、高风险的化工生产。

有一次一个工人进行操作时被突发的爆燃烧伤，他急忙通过现场对讲器向中央控制室汇报情况，现场许多人非常慌乱，担心爆燃发生连锁反应。我在听完爆燃发生点和现象后，告诉工人赶快自行去邻近的工厂卫生所进行紧急处理，我随后就到。我只是在控制室内关闭了一个阀门，再带着一个工人到现场确认阀门关闭，就把事故隐患处理完毕了，因为我知道关键点在哪里。

由于所有工作都亲手做过，我才能在指导重大技术操作时对过程中发生的任何异常现象保持充分的敏感和快速的反应。任何事情一定要亲手去做，才能保证"手到病除"。

丘吉尔曾经说："没有什么错误比以为事情会自行解决的妄想更不可饶恕的了。"但我们在潜意识里往往觉得那些被轻视和忽视的事情会莫名其妙地朝好的方向发展，会在不关注它们且无须施加影响力的情况下变得有利于我们。

不要懒

曾国藩论勤，也论懒，他讲"人败皆因懒"，又言"百种弊病，皆从懒生。懒则弛缓，弛缓则治人不严，而趣功不敏，一处迟则百处懈也"。真可谓一语中的。

一个员工无论多有才华、多有能力，一个"懒"字，就足以让一切毫无意义！雷打不动的人再有能力也懒得用能力，再有才华也懒得发挥才华，这才华和能力又有什么用呢？

我见过这样的人，自命才高八斗，上上下下对他寄予厚望，但他一身懒肉懒骨，每次被激励或批评时，承诺说得激情洋溢；交卷时，次次不及格。

这样的人哪个机构都有，并不是什么稀罕情况。当管理者，对上让上级的期望落空，对下带出一群庸兵懒将；当员工，推不动、拉不动、哄不动、打不动，每每以怀才不遇自居，其实哪儿有什么不遇，是遇到他的上级对他无可奈何。

不动是懒，拖沓也是懒，上级安排的工作要等等再做，答应了的工作在限定时间内不能完成，凡事都要按照自己的节奏推进。"不行！我的工作量已经饱和了！""不行，我的时间不够！"你确定你尽全力了吗？

机构会想办法纠正拖沓的员工，纠正之后要看员工行动；员工没有行动，估计就只能请员工离开了。这种员工不但耽误自己负责的工作，还会组成一支后进团队，带坏一批观望人员，打击一片积极人员。

美国著名商业畅销书作家吉姆·柯林斯的《从优秀到卓越》一书中有一句经典的话："让不合适的人拖在那里不解决，对于其他同事来说，是件不公平的事。因为迟早他们会发现，自己做牛做马，原来是在为差劲的同事背黑锅。"

曾国藩说："一勤天下无难事"，作为职场人，我们要读透这句话的含义，明白"五勤"的道理，并付诸行动，知行合一，才可能将其内化为提升自我的工作习惯。

职场新人的大忌是懒，如果被打上了这个印记，那是需要付出很多努力才能挽回形象的。别轻易批评其他同事的"勤快"是低效的，自己尝试了再说。

我刚刚工作时，注意到工人工作不多时经常拿着一叠纸练习仿宋字，而且车间还组织写仿宋字比赛，看谁仿宋字写得好，还给予优胜者各种奖励。当时我心中不以为然，觉得每个人都有自己独特的字迹，为什么要统一？在这方面花时间根本没有必要。

等我自己担任操作工，被要求用仿宋字记录技术数据、操作过程和会议记录时，更觉得这种要求太过形式主义，减慢了写字速度，降低了工作效率。

然而等我成为助理工程师，为了整理技术数据规律、优化操作过程而去查原始数据时，才发现不同的人在不同阶段的各种记录中保留的都是整齐划一的仿宋字，这对于查阅资料十分重要。人们不会因为大家的字迹不同而去猜测当时写的是什么内容，也不会就某个关键数据是不是记录准确而发生争论，更不会在大量阅读原始数据后迅速疲劳，在当时还没有把所有原始数据录入计算机的条件下，这显得尤其重要。在我参观了其他工厂，看到它们的原始记录中各具特色的字体后，这种对比所带来的优越感更加强烈。

那么如何才能治好懒惰的毛病呢？其实无论懒病初现还是病入膏肓，本人对于治疗方法都是心中有数的。病不是在身上，而是在心上。

放弃侥幸和拖延心理，不要等待事情自己发生。当其他人都在努力争取时，我们怎么能确定事情会按照自己想象的方式发生？怎么就能确定好事自然会接踵而至？就算想中奖，至少也要买一张彩票吧？也不要说什么"躺平"，躺在大街上，车辆看到后会绕行；躺在家里，时间和机会则会直接从身上碾压过去，没有丝毫犹豫。赶紧动起来，按照上面内容去做一下，你会发现，真正摆脱懒惰后，能在工作中发现无穷乐趣。

第十二章

保持平衡：兼具沉稳勇气

小赵在上学期间一直成绩优异，在实习期间也以有责任感和主动性得到了实习机构的认可和正式录用，并参与一个重点项目。小赵进入项目组后，立刻开展各项工作，并向其他同事学习、请教，同事们也给予了他热情的指导。

但他渐渐发现，同事们分享的经验并不像想象的那么神秘，甚至有些想法在他看来也没有多少技术含量。由此，他的自信心开始膨胀，觉得以自己的能力肯定可以快速成为项目主导人员，并在很短时间内就可以超过其他同事。

于是他给自己设定了超出项目预期的目标，甚至已经迫不及待地在个别同事面前把这些目标说出去。事实上，项目真正全面展开后，他发现一切并不像自己想象的那么简单。

首先，自己的思路要变成其他同事的行动并没有那么容易，因为同事对他的想法并不能完全领会和接受，更不要说全部操作到位，尤其是对他关于目标的超前想法并不认同，大家觉得有些操之过急、不切实际。

其次，他发现并不是所有员工都会像自己一样做最大限度投入，同时由于机构的管理流程要求项目各个模块的进度要对齐，这与他着急赶进度的作风形成了巨大反差。

最后，他发现由于他定的目标比较高，同事觉得根本完成不了，就不再尽全力挑战；在达到同事的心理目标后，他们就再也不会做更多工作了。

一段时间后，虽然小赵对自己的思路、方法和措施都很有自信，但项目的发展方向和速度却与他希望的相差越来越大。当他意识到这个问题时，内心又开始弥漫起巨大的恐惧，担心这样下去自己会被同事拖累，只能做出一个平庸的产品，这是对自己时间的一种浪费，同时也会让自己失去一个绝佳的崭露头角的机会。

这种对失去机会的恐惧又让他进入了与之前截然相反的状态，他开始在工作中不断抱怨项目、抱怨同事，一副听天由命的样子。最终直接上级给他打了比较低的绩效，在进行项目调整时，他被调出项目，移入了等待分配的"人才池"。

据说巴菲特曾经说："别人恐惧我贪婪，别人贪婪我恐惧"，这句话里的"别人"指的是股市中的大多数人。大盘好的时候，所有人都是股神；而大盘不好的时候，股民之间就是零和博弈，大多数人赚不到钱，只有少数人可以赚到钱。这些少数人赚到的恰恰就是这些大多数人损失的钱。这些少数人能赚到钱的秘籍就是，在大多数人恐惧、不敢向前时，少数人勇敢地往前闯；而在大多数人勇敢地往前闯时，少数人反倒停下来，稳一稳，看看什么时候可以把手头的股票抛给蜂拥而上的大多数人。

支撑少数人赚钱的逻辑里有两句话在起作用，一句叫"不要怕"，告诉我们要勇敢；一句叫"不要急"，告诉我们要沉稳。它们在轮流起作用，控制着职场人的工作推进和职业发展节奏。

那么对职场新人而言，应该如何让这两个因素发挥正向作用，相互促进、相互制约，最终实现平衡发展呢？

在说明方法之前，我要讲一下"不要怕，不要急"这六字真言从何而来，其实它源于我的一次学习经历。作为一个北方"旱鸭子"，我 36 岁才开始学游泳，因为女儿学会游泳后非要我陪着。作为父亲，对女儿嘟着嘴提出的要求完全没有抵抗力，于是我报了一个游泳班，在班里一群 6～16 岁的学员中，显得格外年高有德。

不得不承认，36 岁的人学什么都不如小自己二三十岁的人，尤其是在运动方面。12 次课，上到第 7 次时，小学员们都已经在水中游动自如了，而我还戴着漂浮背板在水里练换气。经常有同学从后面赶上来，对我说："大叔，让让。"于是我就吞下一大口水，给年轻人让出一条前进的道路。

在第 9 次课时，我喝饱了水后靠在泳池边消化，听见一个男生教女朋友游泳："其实想要把游泳学好，就要在心里一直默念'不要怕，不要急'。"听到这话，我心中豁然开朗，是啊，这个不就是游泳的诀窍吗？

正是因为"怕"，怕喝水、怕沉底，所以我每次都是在动作没有做到位的情况下就开始了下一个动作，反倒打乱了呼吸的节奏，导致喝了更多的水；正是因为"急"，急着学会、急着游到对岸，所以我气急败坏，反倒让动作一点都不协调，总是学不会。

于是，我开始在心中不断默念"不要怕，不要急"，尽量把动作做得慢一些、舒展一些，一丝不苟、分毫不差地做完一个动作，再做下一个动作。快下课时，教练冲我喊："那个谁，都会游了，还系着个板干吗？"

这就是六字真言的来历，这六字真言在后来的十几年里也成为我工作中经常提醒自己的座右铭，现在我把它推荐给职场新人们，因为他们最容易出现的情绪就是"怕"与"急"。

职场新人有许多时候不是被困难打倒的，而是被恐惧打败的，会怕各种事情。

1. 怕在体制外，压力大、安全度低；怕在体制内，待遇差、挑战小、升迁速度慢。

2. 怕进入一个夕阳行业，再努力，也很可能原地打转；怕进入一个朝阳行业，谁知道这个行业的太阳什么时候能升起。

3. 怕在一个非常大的公司里，成为大平台中的一个螺丝钉，工作细分严重、被替代的可能性大；怕在一个非常小的公司里，职责划分不清，经常有事先预料不到的工作被派过来；怕在一家不大不小的公司里，向上发展速度快了，自己跟不上，或跟上了又太累。

4. 怕去一线，又苦又累，要承担业绩，还要面对客户；怕去二线，上升路途狭窄，升职速度不快，根基不硬。

5. 怕在一个非常优秀的团队里，宁当鸡头也不愿做凤尾；怕遇到拖后腿的队友，把自己的水平拉下来。

6. 怕被安排一个太难的工作，万一完不成怎么办？怕被安排一个太简单的工作，显示不出自己水平可不行。

7. 怕遇到一个挑剔的领导，什么事都过问，那还要自己干什么；怕遇到一个甩手大掌柜，自己哪儿知道下步该干什么。

8. 怕客户或同事太关注自己，指不定什么时候发现工作中的问题；怕客户或同事不搭理自己，做出成绩一定要让全世界都知道。

符合理想的行业、公司、团队、上级、同事和客户是不是太少了？是不是要有着体制内安稳的工作，又拿着世界顶级公司的待遇；在烈火烹油的时候进入一个行业，然后在这个行业略显疲态时，立刻进入下一个繁花似锦的领域；在大公司里没有任何人替代，公司发展还要按照让自己最舒适的节奏来；干着二线工作，获得一线水平的重视与提拔；在一个优秀团队中，所有人都把功劳记在我们身上；团队根据我们的水平设计工作，而且是那种一定会出成绩、露脸的工作；上级向我们请示，怎么管我们比较合适，既要告诉我们应该做什么，又不能问干得怎么样；所有的客户和同事面对我们工作出现的问题个个视而不见，一旦发现有了成绩，就欢呼雀跃、频频点赞。请问，这样的剧情有人敢写吗？就算是玄幻剧也不敢这么演！

同样，职场新人许多时候不是被任务累坏的，而是被急躁打败的，他们会着急各种事情。

1. 在体制内，着急升迁。怎么一起进来的张三去参加后备干部培训了，偏偏没有我？怎么早来半年的李四都晋升了，对自己的考核却还音信皆无？在体制外，着急涨工资。年底考核优秀薪酬才涨 20%，什么时候能年薪百万啊？别奇怪大家有这个想法，毕竟 2021 年中青校媒面向全国各地大学生发起了关于就业的调查，回收了 2700 份问卷，调查结果显示，有 67.65% 的大学生评估自己毕业 10 年内会年入百万。

2. 进入全盛行业，着急在行业衰退前赚到第一桶金；进入朝阳行业，着急行业什么时候能进入全盛时期。

3. 在大公司里着急什么时候能成为大领导，一呼百应、前呼后拥，天天只负责签字；在小公司里着急什么时候能成为合伙人，然后要么被大公司收购套现，要么能去国外上市，仍然可以套现；即便在一家不大不小的公司里，仍然着急公司怎么不被大公司收购，自己也能直接进入更大的平台；公司怎么不去收购一个小公司，好让自己有机会到小公司当个管理者。

4. 到了一线，着急马上签一个大单，或者很快研究出一个专利技术；到了二线，着急接触不到总裁和董事长，没有表现机会。

5. 到了优秀团队，着急想要一个表现的机会；到了平庸团队，着急想要一个进入管理层的机会。

6. 在很难的工作面前，着急突然找到一个捷径，然后宣布大功告成；在太简单的工作面前，着急赶紧结束，然后被分配一件很难的工作，这样可以马上去找捷径。

7. 遇到一个挑剔的上级，着急什么时候能让他万事放心；遇到一个甩手大掌柜，着急怎样才能干一件漂亮事，并让所有人知道其实是自己的功劳。

8. 客户或同事关注自己，着急马上拿出一个精妙绝伦的成就；客户或同事不关注自己，着急马上有一件让自己获得关注的事情发生。

按照这个标准再写一下剧本：进入体制内马上就平步青云，今年副科，明年正科，后年副处，第 4 年正处，30 岁之前正局，35 岁前正厅，40 岁省级。在体制外，进场就是行业全盛时期，行业第一的机构直接聘自己为总监，然后当上副总裁、总裁、董事长、集团董事局主席，一路畅通无阻，30 岁前成为中国首富，40 岁前成为世界首富，发财一定要趁早。即便是从一线做起，也是第 1 天就从天上掉下一个大单；有一个专利技术，别人工作了几十年没研究出来，你上班 3 天就灵光一现研究出来了；然后一周后就被派到一个业绩不好的团队当领导者，3 天后这个团队成为金牌团队，业绩全集团第一。着急每天都能干一件大事，小事不要烦我，没有难度的事情不要找我，别人能做的事情彰显不出我，别人做过的事情我才不屑一顾，我要做就做一件有难度、别人做不了，也没有做过的大事。没做过小事，没做过没有难度的事，没做过别人能做的事，没做过别人做过的事，谁又会放心地让我们做一件高难度的大事呢？别说我讽刺谁，如果所有事情都顺应各位的急切心情来发生，就是这个样子。

通过以上描述，可以发现"不要怕，不要急"的提醒对职场新人而言并非空穴来风，而是证据确凿。

| 念动六字真言，为人稳做事勇 |

那么如何在日常工作中践行这六字真言呢？

首先，在任何时候都不要忘记这两点中的任何一点。

只想着"不要怕"，则勇敢有余，而沉稳不足。明代思想家吕新吾在其著作《呻吟语》中评价世人资质："深沉厚重是第一等资质，磊落英雄是第二等资质，聪明才辨是第三等资质。"[①]即便"不要怕"可以算作磊落豪雄，但相比"不要急"的深沉厚重仍然略逊一筹。

虽然只顾着勇敢可以让你在职场中迅速崭露头角，但是如果没有"不要急"在后面把关，这份勇敢很可能只是匹夫之勇，而不是深思熟虑之后明确方向和目标的勇敢顽强。

如果"不要急"不与"不要怕"联系起来，事事考虑再三、犹豫不决，那么"不要急"就变成了拖延症、不果断和"思想巨人、行动矮子"。

因此这两点必须相互配合、缺一不可。

其次，在任何时候都不要让其中的一点完全战胜另一点，要保持两点之间的平衡。

---

① 吕坤.呻吟语（谦德国学文库）[M].北京：团结出版社，2017.

当心中有"不要急"时，一般都有另一个声音叫"怕什么"，而"不要怕"的对立面则是"急什么"。急与怕有以下四种组合。

第一种是又急又怕，两样全占，这种情况往往本人已经方寸大乱，做不了事了。

第二种是不急但有些怕，"不要急"战胜了"不要怕"，这种心态往往让人瞻前顾后，错失良机。

第三种是不怕但有些急，"不要怕"战胜了"不要急"，这种心态可以让人做事，但也很容易让人做错事，错事包括事情本身错了、方法错了、过程错了、结果错了等。

第四种是不急不怕，两样都在，并保持平衡。这种心态才能保证做对事，并且做成事。

最后，这两点中任何一点为主导时，都要不断提醒自己另一点的存在。

事实上，许多时候当出现"不要怕，不要急"中的一点时，人们往往会忘记另一点。只有"不要急"时人们眼里都是困难与风险，只有"不要怕"时人们心中又全是机会与利益。

但任何一件事情只要有风险就会产生利益，同样只要有利益就必然会有风险。因此当眼里只有困难与风险、机会与利益这两种中的一种时，千万要提醒自己，还有另一种一直存在。

具体落实到职场新人的日常工作中，表现如下。

一、职场新人刚刚进入机构，与同事之间存在工作信息差，因此最常做的一件事就是提问。"不要怕"提出的问题可能暴露自己在某方面的无知，但是问之前"不要急"，先看看自己到底是不是真的无知。

如果发现是真的无知，那就应该抓紧时间去了解这方面的知识，这样在提出问题时，至少问得有点水平、有点深度，让被提问者觉得是值得一答的好问题，而不是让对方觉得提出这个问题不但不过脑子，甚至也没过眼睛，即没翻阅一下手头的资料。

二、基于职场新人往往会用之前的常识来理解现在的问题，因此往往会产生各种误解，甚至由此导致错误或失败。这时职场新人"不要怕"承认，哪怕是当众承认错误与失败也好，因为这时候出现问题恰恰是最容易获得谅解、纠正和指导的。

但先"不要急"于承认错误与失败，因为仅仅知道结果还不行，还要思考一下原因；仅仅从别人那里知悉原因还不行，还要自己想想原因在哪里，如何改进，何时见效。哪怕自己想的不一定对，也可以将自己的思考与他人的经验做比较，这样做要么可以纠正一个错误的答案，要么可以获得两个正确的答案。

三、职场新人往往会在工作中征求并获得来自多方面的指导与教诲，以此获得成长，因此职场新人"不要怕"向他人表示感谢。许多人感觉好像说了谢谢，就被人压了一头，就要天天考虑如何回报，其实完全没有必要。

小气虚伪的人，哪怕是举手之劳，他也会记个账单，再大气的回报，可能也不会令其满足；大气磊落的人，纵使倾心相助，他也会简单地挥一挥手，并不在意我们是否及时回报。

我们决定不了别人的看法，但可以决定自己的为人，得到帮助就一定要表示感谢。但感谢也"不要急"，因为对小事可以说一句谢谢，再大一点的事情，就要用心去回报别人，哪怕是买一件小礼物，用心挑选与随意而为的区别人家也看得出来。

四、职场新人在刚开始工作时往往不会承担很大责任，因此当有一件重要事情突然交过来时，该怎么办？职场新人"不要怕"，要有敢于承担更大责任的勇气，毕竟任何人想提升能力、承担更多责任，都要一件事一件事地扛过来，才能达到目的。

这就好像跑马拉松，谁都不是从跑 500 米都喘，一下子跃升到可以马拉松完赛的；而是今天跑 500 米喘，明天试着跑 600 米，后天连跑带走跑 700 米。但如果永远只跑 500 米，而不去试着跑 600 米，那即便跑 500 米跑出自己的历史最好成绩，也并不意味着就能跑完马拉松。

与此同时，"不要急"也告诉我们，虽然可以把任务接过来，但要很好完成也不是一件容易的事情。任务的背景是什么？目标是什么？这个目标之前是否实现过，谁实现的，怎么实现的，有没有什么新的方法？这种方法与之前的方法的区别是什么？最终采取哪种方法，或者能不能把两种方法的优点结合成一种新方法？为了按时保质地完成任务，需要什么资源？要思考这些问题，当然是边做边想，任何事情都不可能在做之前就把所有细节都想明白，对于之前没做过的事情更是如此。

五、职场新人在工作中遇到的对手很可能都是比自己强的人，因此不可能总是逃避，所以必须"不要怕"。如果怕了，那就永远无法成长。真正的成长就是不断与人过招，直到面对终极挑战。

但是"不要急"也告诉我们，不要急于求胜。既然别人比我们强，那就意味着对方战胜我们的可能性更大。要想把对方的胜率降低，把我们的胜率提升，就既要在对抗中不断向对手学习，消化他使出的招式，又要反复琢磨我们的强项与对手的破绽，同时利用时间来换取自己实力的强化与提升，利用示弱让对手轻敌并分散其注意力，这些都不能急。

六、职场新人往往必须不断改变自己的现状，才能让自己不断变得更好，因此"不要怕"改变和挑战自己。与资深人士相比，职场新人就好像每天都在考试，工作的第一天可能只有 20 分，但第二天学到了一些知识、技能与经验之后，就可能有 25 分，试用期满至少要达到 60 分才能转正；而资深人士可能已经达到 80 分，但想达到 81 分，哪怕只涨 1 分都需要比职场新人花费更多的时间。

　　所以职场新人"不要怕"改变与成长，但这并不是说职场新人就一定会有改变与成长，也不代表改变与成长总能达到机构要求。

　　有许多新人进入机构后会有各种挑剔与不如意，今天觉得当初进入机构只是因为没有更好的选择，准备骑驴找马，所以没必要那么认真地工作；明天觉得这个机构的福利水平真不行，比起某某大厂差多了，从而心生怨言；后天觉得周边没有合得来的同事，上班没有劲头。处于这种状态的新人恐怕每天涨分的幅度也不会太大，另外没通过试用期考核的新人也证明了，并不是所有人都能达到 60 分这条及格线的。

　　职场新人"不要急"，要给自己列出学习规划，一样一样地努力学习。学习不能一蹴而就，了解行业、企业、职业和具体操作需要时间；技能需要反复磨炼，训练和成长需要过程；与同事形成有效沟通，需要相互不断磨合；融入团队并发挥作用，需要接受团队成员的考验并积累信任。下面列一下这些规划的具体内容，给大家当作工具。

｜ 小工具

如何学习行业、机构和工作知识

1. 我对这个行业了解多少

1.1 国家对本行业的政策

1.2 近 3 年的行业报告

1.3 未来几年的重大影响因素

1.4 本行业与其他行业相比的优势和问题

1.5 本行业的商业模式

1.6 本行业里面的大咖是什么人？我能否接触到他，比如发邮件请教知识（内容要有质量和深度，要有自己的介绍和心得）？

2. 我对这个机构了解多少

2.1 机构历史

2.2 机构创始人情况及内外部讲话

2.3 机构目标客户情况

2.4 机构近 3 年经营情况（尤其是上市公司，可以查到很多公开信息）

2.5 机构在行业中处于什么位置，这个位置可能对机构和我的发展有什么影响？

2.6 未来几年机构负责人的发展意图

2.7 机构的差异化优势

2.8 一线业务情况（如果本身在机关工作，一定要找时间去看一下一线情况，哪怕利用休息时间去看）

2.9 一线业务人员工作情况

2.10 产品情况及口碑

2.11 企业形象及口碑

2.12 企业文化及故事

2.13 组织架构及核心管理层情况，尤其是自己所在条线的第一负责人

2.14 我对机构的规定了解多少

3. 我对这个部门了解多少

3.1 本部门职责是什么（包括本年度目标、与其他年度目标的对比）

3.2 本部门对终极客户的贡献体现在哪里？

3.3 本部门在机构中的作用是什么？属于一线部门还是二线部门？与它关联的部门都有哪些，相互之间是什么关系？

3.4 机构总负责人和其他部门的人如何看待本部门？

3.5 本部门需要的资源在哪里？最稀缺的资源是什么，如何获取？哪些资源可以帮助自己成长？

3.6 本部门的构成是什么？谁是第一负责人？第一负责人的资历如何？本部门主要管理人员都有谁，自然情况和职业履历都是什么？

3.7 我的直接上级是什么人？能力、口碑和性格特点分别是什么？直接上级能够为我提供什么帮助，需要我达到什么样的工作目标？与其沟通的最有效方式是什么？

3.8 我的对接同事是什么人？能力、口碑和性格特点分别是什么？我能够为其提供什么？对方能够为我提供什么帮助？与其沟通的最有效方式是什么？

3.9 其他同事的情况

4. 我对这个职业了解多少

4.1 这个职业的发展方向是什么？发展特点是什么？发展瓶颈是什么？可供成长的阶梯是什么？

4.2 这个职业的必备知识、关键技能与重点经验是什么？具备什么样的特点能更好地适应这个职业？

4.3 这个职业的迁移性怎么样？可替代性怎么样？可兼容性怎么样？

5. 我对这个岗位了解多少

5.1 这个岗位能给部门贡献什么？

5.2 这个岗位对于部门的重要程度、关键节点与不可替代性分别是什么？

5.3 这个岗位的绩效目标与展示机会是什么？

5.4 与这个岗位所匹配的胜任力有哪些？

5.5 这个岗位今后的职业发展方向与路径是什么？晋升的速度有多快，空间有多大？

6. 我对自己了解多少

6.1 这份工作对我来说重要吗？

6.2 这份工作能让我发挥特长吗？

6.3 我准备拿出持久的激情来做事吗？

6.4 我适应这个机构的文化吗？

6.5 这份工作能让我成长吗？

6.6 这份工作能保证我的生活吗？

6.7 我愿意跟这个团队一起成长吗？

6.8 自己给同事留下的印象如何？

6.9 我愿意为了适应直接上级做什么样的改变？

7. 我对未来了解多少

7.1 机构和部门的发展方向可能在哪些方面对自己有影响？

7.2 职业发展方向是否与自己的预期符合？

7.3 怎样才能迅速找到成长的路径？

7.4 自己的发展目标及计划分别是什么？

7.5 自己的执行力怎么样？

总结以上内容，"不要怕"就是要敢于尝试，敢于挑战，敢于打破旧的、创造新的；而"不要急"就是把该做的事情全部做到位，该落实的细节全部落实，该考虑的方面全部照顾到。

"不要怕，不要急"，机会一定是留给有准备的人的。这个世界没有捷径，看上去最笨的方法往往最容易成功。关键在于，要有一颗不慌乱、不畏惧的心！